在傳統工業以外，香港還有不少企業在不斷創新改革，以設計思維延續香港工業的生命力。

The Roadmap of
Design Strategy for
Hong Kong
Manufacturing SMEs

香港中小企
製造業
設計策略
之路

VOL. II

下冊

作者
——
莫健偉、汪嘉希、杜睿杰

策劃
——
香港工業總會、香港設計委員會

車在馬前
設計新策略

香港設計委員會

日本工業設計先驅者柳宗理曾言：「設計的最高目的，就是為了人類的用途。」設計是用以解決問題，設計思維可以應用至各行各業，促進社會進步，改善人類生活。

香港工業總會轄下香港設計委員會於1968年創立，是香港最早期推動工商業界應用設計思維的非牟利機構。所謂設計，即「設想」和「計劃」，設計師要梳理不同的設計意念，才能有效傳達信息和改善使用者的體驗。其實企業家也是企業的設計師，需要考慮各種營運問題，才能讓企業脫穎而出，與時並進。制訂設計策略正是企業家不可忽略的一步。香港設計委員會舉辦「香港中小企製造業設計策略之路」計劃，正是為了協助香港製造業中小企掌握設計策略和工具。

「香港中小企製造業設計策略之路」計劃訪問和研究多家中小企製造商，探討他們如何把設計策略融入商業模式。上冊和下冊合共輯錄了40個成功案例，詳述他們的心得和要訣，另外精心挑選不同的設計思維工具，編修成工具箱，鼓勵中小企策略性地重新設計商業模式。我們期望中小企製造商可以透過提升創新實力，擴大規模和進駐新市場，甚至由代工製造（OEM）或原創設計製造（ODM）升級轉型至原創品牌管理（OBM）的模式。

本人希望在此感謝香港特區政府工業貿易署中小企業發展支援基金、各位贊助商和協作機構不遺餘力支持是次計劃。我深信香港中小企能掌握設計策略這一門學問，引導企業有系統地進行長遠規劃，必能開闢康莊大道。

香港設計委員會主席
馮建輝

導言：
工業生產價值鏈的
改造和創新

FORE-
WORD

《香港中小企製造業設計策略之路》下冊收錄的 20 多個香港工業案例，來自傢具、珠寶首飾、紙品印刷、中式食品及科技五個行業，讀者或許感到奇怪這個範圍是依據什麼理由來釐定的？理由只有一個，我們對「工業」一詞有另類的詮釋。

「Industria」一詞來自拉丁文，意思是「製造貨品的生意」，字義演進到現代英語 industry，則泛指「某種經濟活動，在工廠中把原材料加工並製成商品」。顯然，這個簡單的說法聽來並不充分，我們認為「工業」應包含更多特徵，才能符合心目中對工業的印象。例如工業應當包含「使用新材料」（如鋼鐵）的成分、「使用新的能源」（如電力）、「新機器的發明」，這些機器可以用較少的人力消耗來提高產量；也應該包含「新的工作組織系統」（如生產線、工廠制度），又或者「科學在工業中的應用不斷增加」等型態。這些關乎工業特徵的描述，源於 18 世紀人們對工業革命的認識和理解，箇中的精義所在，是將工業視為一種經濟活動，以機械化和大批量的生產過程來製造事物，也是技術變化和科學應用創造的產物。

在這種觀念的影響下，我們理所當然地認為那些「家庭式生產」、「前舖後居」的傢具店、「機械化／自動化應用程度較低」的印刷廠和中式食物工場、「小批量」和「依靠手工藝」為主要生產模式的珠寶金飾店，並不符合我們心目中的現代工業。儘管這些行業在戰前及戰後一段頗長時期發展迅速，店舖、工場散落於香港、九龍及新界各處並展示十足的活力，但出於傳統工業觀念作崇，人們不會認真看待這些行業，也不會視它們在香港經濟史上扮演的角色，跟講求機械化製造的工廠生產模式比較，有著幾乎同等重要的發展和貢獻。

事實就如本書所言，香港的傢具、珠寶首飾、紙品印刷、中式食品行業在香港經濟發展史上各自呈現高低起伏的發展，而且其形態至今仍持續變化。若要了解這些行業今昔的變化，我們不可能只運用過於著重「機械化生產」或「批量模式生產」的工業觀念來分析它們的形態。

正如《香港中小企製造業設計策略之路》上冊的序章提出，我們應以更廣闊的觀念來檢視工業的形態和變化。工業活動是個複雜的生產的過程，不同工業涉及的「生產價值鏈」一環扣著一環，主要的價值鏈就如一個「工業生產八陣圖」包括以下部分：

- ◉ 新意念、新價值的產生及提出
- ◉ 探索、研發或創造研究原型的過程
- ◉ 製造產品或提供服務的過程、流程
- ◉ 建立品牌、銷營策略的決策、模式和方法
- ◉ 配送產品／服務的流程和系統
- ◉ 客戶／消費者的反饋及分析
- ◉ 產品／服務的售後管理及支援
- ◉ 客戶／消費者需求現況或潛在需求的分析

香港工業在歷史上的變化正體現於工業家和企業如何不斷思考和改造生產價值鏈的不同部分，藉此爭扎求存、適應市場的變化、更新和創造新的產品和服務。

我們採納以上對工業「生產價值鏈」的理解，以此檢視傢具、珠寶首飾、紙品印刷、中式食品這些過往被視為傳統、工業化程度較低的行業，做為《香港中小企製造業設計策略之路》下冊的主要內容。我們在傳統四個行業以外，還更加入了「科技行業」——一個被認為是著重科研、應用科學知識的行業——好讓讀者對照這五組工業範疇的企業如何打造它們的「生產價值鏈」，

生產價值鏈綜合圖

	商業策略				意念	技術研發及應用			組織	製造模式／過程	營銷模式	
	收購／被收購	上下游擴張	跨行業發展	商業模式	觀念／價值	R&D 工藝、技術研發	產品設計	流程設計	組織／團隊改革	製造模式／過程	零售模式	品牌營銷模式
方圓傢具				●	●	●	●	●		●		
歐達傢俱						●	●			●	●	●
科譽	●		●			●	●	●	●		●	●
西德寶富麗	●									●	●	
太子珠寶	●					●	●				●	
古珀行						●	●				●	●
Qeelin	●				●						●	●
天威控股		●	●		●	●	●					●
冰雪集團			●	●		●			●			
宏亞傳訊	●	●								●	●	●
星光集團			●		●	●	●			●		●
綠團		●	●	●		●	●			●	●	
大家樂	●		●		●			●	●	●	●	
李錦記						●			●	●	●	●
甄沾記						●					●	●
鴻福堂				●		●	●	●		●	●	
3Ds				●	●	●	●	●	●			
正昌	●					●		●			●	
東興				●		●	●	●	●			
保力集團			●	●		●				●		
路邦動力				●		●	●			●		

又如何呈現各自的特色和發展。

綜合本書20多個案例，我們看到一幅有趣的圖像（見生產價值鏈綜合圖），例如儘管各企業所屬的行業有別，它們就「生產價值鏈」進行的改造並不僅僅限於產品的設計及製造，不少企業更新或創新的部分還包括商業策略和模式、科研、流程設計、提出新的理念，以至營銷或打造品牌的策略。就價值鏈不同部分的改造，並不一定涉及機械化或新科技的應用，而創造性的活動也不一定與研發嶄新科技或大批生產相關。圖中展示不同企業所作的創新改革，更多是為了適應市場、業務環境的變化，又或出於對長遠發展及拓展市場而作出的策略部署。不同行業和企業改革的價值鏈部分也有重點的不同；著重家用或商用零售市場的傢具、印刷及食品行業，更注重改進零售渠道、方法和模式，科技企業較多偏重研發、設計及商業模式的創新。

綜合圖揭示的香港工業，從多方面就工業的生產過程進行改革，體現了工業設計思維寬廣的含意。工業的設計思維並不狹義地限於產品外觀、品牌形象的設計，也不限於引進新機械設備或狹義的技術應用，21世紀的香港工業還要講求商業模式和策略的設計、生產流程、團隊組合，以及銷售模式的設計。這種種設計思維和能力，都是各行業和企業努力學習和改進的部分，傳統行業如是，科技企業亦然。

本書20多個案例各自演繹了改造工業生產價值鏈的重點，它們的努力正顯示香港工業富活力和創造性的一面。

參考資料

01　《大英百科全書》（又稱《不列顛百科全書》；拉丁語：*Encyclopaedia Britannica*），關於「工業革命」的說明。

02　Kawakami, M. and Sturgeon, T. J. (2011). *The Dynamics of Local Learning in Global Value Chains: Experiences from East Asia*. Palgrave Macmillan.

03　World Trade Organization (2013). *Global Value Chains in a Changing World*. Switzerland: WTO.

04　Osterwalder, Alexander and Pigneu, Yves. (2010). *Business Model Generation*. USA: John Wiley and Sons.

目錄

香港傢具

香港的樓宇空間細小狹窄，
商業與住宅單位同樣密集，
傢具業各出奇謀，
設計出多種功能混合的傢具，
並以科技配合傳統手藝，
打造出高質素的現代傢具。

香港
傢具行業
簡介
INTRO-
DUCTION

傢具業是香港其中一門古老的手工業，現時本港傢具業主要可分為木製傢具、藤製傢具和金屬傢具三大分支，此外亦有傢具公司生產床褥、床墊和床上用品。木製傢具一直是本港傢具業之大宗，其中由於傳統中式入榫傢具及漆木傢具的工藝水平高，尤其受中外消費者歡迎。本港傢具業主要生產商用及家用傢具，為酒店、辦公室及家庭提供合適的傢具。

二戰以前，香港已有一定數量的傢具廠，以供應本地市場。戰後，隨著本地經濟起飛，亦帶動傢具業迅速發展，1955年香港傢俬裝飾商業總會成立，反映本港傢具業在1950年代中期已有一定規模。值得一提的是，該會選址於灣仔軒尼詩道，亦反映當時的行業特性。其時傢具店大都集中於港九數處，例如銅鑼灣、跑馬地、英皇道，以及旺角彌敦道等，形成數個傢具銷售中心。這些傢具店大都是「前舖後廠」，門市位於地下，閣樓則是工場；而當時的傢具店普遍以原始手工業起家，傢具廠的老闆多是學徒出身，透過打工儲錢，再自立門戶開設工場。故此很多傢具店老闆都身兼銷售、管理和傢具設計，而

這種模式一直沿用至20世紀末。

至1960、70年代，本港工業循外銷模式發展，出口貨值與日俱增，但傢具業卻仍然以內銷為主。當中主要原因是香港的房地產愈趨暢旺，特別自1968年美孚新邨等大型樓盤相繼落成，本地傢具需求因而劇增。受益於此，本港的傢具業發展蓬勃，傢具廠由1970年271間增至1975年1,161間；此外，本地廠商又積極進行本地推廣，例如1975年香港傢俬裝飾廠商總會舉辦了首屆傢具展覽會。

但另一方面，傢具業內銷比外銷暢旺，亦受技術條件影響。一直以來木製傢具是本港傢具業之大宗，但就出口而言，直至1970年代中期，木製傢具的出口比例仍只略多於藤製傢具。究其原因，一來是因為藤製傢具輕巧實用，深受外國買家歡迎；其次，由於香港氣候潮濕，而當時本港木製傢具多以實木製成，容易受潮而出現顯著伸縮，令輸往國外的實木傢具質素不大理想。為了改善出口木製傢具的質素，業界和政府因而開始提倡西方常用的合成面板，以取代實木，同時又積極改良原木版風乾技術，以提高出口傢具的品質。

至1980年代，整體傢具出口貨值大幅上升，由1974年1億6,100萬港元暴增至1985年5億7,960萬港元；同時，由於中式傢具漸獲美國消費者垂青，木製傢具的出口比例得到顯著提高，由1974年53%增至1984年64%。然而，木製傢具仍然以內銷為主，出口只佔本地生產25%至30%。其時的傢具公司仍多為小型公司，而且由於中式傢具著重工藝，大多數廠房仍屬手工業，只有少數較大廠商投資機械化生產線。此外，與外國傢具生產商不同，本地廠商甚少製造自行組裝傢具（Knockdown Furniture），反而傾向製造一件式的訂造傢具，以供應本地酒店、辦公室及地盤客戶。在木製傢具興起的同時，藤製傢具則在1980年代漸轉式微，出口份額由1970年代44%下跌至1980年代25%；代之而起的則是金屬傢具，但後者仍處於起步階段，佔總出口額不足一成。

本港傢具業的另一個發展限制是本港土地不多、租金高昂，而且傢具廠大多設於多層工廠大廈，難以擴大生產線。隨著1980年代地租與薪金不斷提高，進一步增加了本地廠商的生產成本。適逢1980年代內地改革開放，部分廠商乘機將生產線遷至內地。但在北移初期，很多工廠都只將前沿工序的生產線北移，後半部分的工序由於較講求工藝，仍留在香港完成；這個模式直至1990年代中期才出現變化，形成現今所見「前舖後廠」模式。隨著傢具廠北移，香港的本地傢具出口額不斷下降，由1985年高峰期急跌至1995年2億9

千880萬港元;但轉口額則顯著提升,由1985年4億7,520萬港元急升至1990年16億5,710萬港元,其中內地既是香港最大的傢具進口地,亦是最大的傢具出口地。

受益於1990年代內地經濟起飛,其傢具需求劇增,本港廠商在內地經歷了「黃金十年」。但正因為市道良好,廠商缺乏提升技術和品質的誘因,至21世紀亦未轉型成專業、機械化生產線,只著重降低成本提高競爭力;加上本港廠商沿用過往的企業模式,由老闆兼顧設計、銷售和生產,甚少聘用設計師,結果本地廠商的產品質素大幅落後於國際水平,自2000年以後,本地傢具出口和轉口額均大幅下滑。

不過,仍有部分香港傢具廠商努力轉型,積極向國外企業學習,聘用傢具設計師、引入機械化生產線,提高競爭力;少部分廠商開始在OEM模式的基礎上,嘗試自行設計傢具產品,轉型成ODM模式,甚至建立自家品牌,轉戰中、高檔市場,並且積極開發俄羅斯、印度等新興市場。自2008年起,本地生產的傢具出口額突然由1,400萬港元躍升至4,680萬港元,本港傢具廠數字亦略為提升,很可能便是港商轉型的成果。可惜的是,本地出口額在2011年又回落至950萬港元,可見轉型之路並不平坦。

個案研究 | 一

不斷轉型升級的傢具企業

方圓傢具

傢具行業從原件製造到

原創策略製造的

轉型之路是怎樣的?

如何成功打造

多個原創品牌?

FT
TS
LER

今年 55 歲的呂紹雄（Gary）從事傢具行業已經
30 年。他出生在香港，中學畢業後因家庭原因去
了臺灣，最終在臺灣修讀建築專業，並取得了臺
灣的建築師牌照。之後 Gary 返港進入一間設計
公司從事室內設計，香港狹小的居住空間激發他
做室內設計時開始設計多功能傢具，比如可以變
成書櫃的鞋櫃，可以作餐檯用的電視櫃等，用於
解決空間不足的問題。

沒想到他設計的多功能
傢具頗受歡迎，於是他一邊
在公司上班，一邊在北角開
了一間傢具店。1988、89年
左右，他在印尼泗水開了第
一家工廠，生產多功能傢具
運到香港銷售，之後隨著內
地改革開放，他北上東莞設廠進行批量生產，並先後拿到日本經銷商和國際
連鎖傢具品牌的原件代工生產（OEM）訂單。1997年，Gary正式成立了方圓傢
具（S&C Furniture），隨著業務的擴大，方圓目前在內地已經有四間工廠，每
間廠主營不同的生產線，包括實木、板材、梳化、金屬傢具等。

◉ │ 第一次轉型：原始設計製造（ODM）

從事原件生產時，方圓其中一個主要客戶是一家銷售勢頭非常強勁、
有著3、400間店的日本家居連鎖店公司，從1997年開始方圓與之合作，佔總

體業務的百分之五十到六十。2004、05年中日關係緊張，客戶告訴Gary說傢具上打「made in China」對他們的商譽打擊很大，要把貨品遷到其他地區生產，甚至開始在越南投資開廠。這對Gary是一個非常沉痛的教訓，令他意識到只依賴原件生產的經營模式是相當危險的，因為原件生產的設計、品牌和技術都是客戶的，對方可以在任何一家廠家訂貨，政治氣候的改變也會影響生意。

於是2005年開始Gary決心轉型。在失去日本訂單的半年裡，他開始做更多香港本地市場的生意，用以填補損失，也開始出口韓國、臺灣、新加坡。同時他也在考慮到底應該走哪條路，沒有自己的銷售管道，又不能再依靠原件生產，而當時的他甚至還不知道什麼是原始設計製造（ODM）。2004、05年時方圓開始和香港本地傢具連鎖店實惠（Pricerite）和吉之島等百貨連鎖店合作，當時在香港已有27家門店的實惠，一直是看到什麼傢具適合香港就買進來銷售，沒有針對本地的已成系統的產品。看到這種情況，Gary主動與實惠談，由作為供應商的方圓研究市場需求，系統化地設計適合本地市場的傢具，放在實惠店裡賣。這一提議得到實惠的歡迎，也為後來兩方都帶來很多的生意，如今實惠在香港已經開到40多家店，店內眾多的傢具由方圓提供。2008、09年的時候方圓已經極少不再進行原件生產了，由於這種ODM過程中的開發、設計、IP都歸屬方圓，方圓也可以將產品賣到其他與香港相似的市場，例如韓國、日本、臺灣。

方圓的傢具系列針對本港細小狹窄的單位而設計。

香港傢具 — Hong Kong Furniture

方圓的傢具組合了不同功能，在有限空間內發揮最大功用。

◎ ｜第二次轉型：原創品牌製造（OBM）

　　全面轉型ODM之後，Gary進一步向原創品牌（OBM）探索，首先發展的是大眾化傢具。2010年左右，Gary開始與傢具零售商做一些OBM形式的合作，生產以方圓為品牌的傢具在傢具零售商的店賣，同時也通過其他渠道銷售，目前方圓在香港有128個銷售點，幾乎每條街都有方圓的傢具，當然每家零售商都會有其獨特設計和專利產品，避免市場惡性競爭。

　　同樣以大眾市場為主打的宜家家居（IKEA）在香港廣受歡迎，而方圓傢具的銷量據Gary介紹甚至更勝一籌，僅去年香港就有50,000個家庭向方圓買過傢具。這主要得益於方圓傢具的當地語系化設計。Gary說國際品牌通常採用全球化設計的傢具沒有考慮到香港的房間尺寸和家庭構成，所以在香港獨特的生活空間中，造成了在採購和使用時的困擾。例如香港的家庭很多都有雙層床，宜家的雙層床就有兩點不適合香港：香港家庭很多小孩從小長大至成人可能都在睡雙層床，而香港樓底普遍比較矮，如果上層的床設計得較高，睡在上格床的人坐起來時候容易碰到天花板；如果下層的床設計的較

矮，那睡在下格床的人頭部可能就會頂到上格床。方圓的設計則較本地化。早期香港專業的傢具設計師不多，Gary找來歐洲的設計師，與香港本地設計師和內地的工程師三方共同設計，傢具的尺寸、功能由香港本地的設計師設計，外觀美學例如線條、顏色、木紋則由歐洲設計師設計。

隨著OBM的發展，Gary認為轉型過程中處理與客戶的關係，平衡商業模式是最難的。現有的ODM客戶對於方圓來說依然很重要，這些客戶看到作為供應商的方圓開始發展自家品牌難免擔心產生競爭。解決這個問題Gary最終還是回到了設計上，盡量設計開發與原有客戶沒有競爭的產品，拓展新的市場空間。他說傢具與時裝、成衣一樣有很多層次的市場，他就針對性的研究現有客戶的市場在哪裡，盡量避開這些市場的衝突，於是有了接下來的幾個針對不同市場的原創品牌。

◉ | 三個原創品牌：OMÓS、Hygge、Lohaspace

在香港，搬家的頻率非常高，有研究稱一個新公寓的推出，伴隨著四戶公寓的搬家，而根據香港科技大學做過關於丟棄廢物的研究項目，每家每戶在裝修的時候基本上要丟掉一半以上的傢具，因此價格便宜的大眾化傢具在香港的銷量非常好，同時這也帶來了很多浪費。做大眾化傢具的時候，Gary對此深有體會，他曾計算過方圓至今總共賣了大約30萬張椅子，這些椅子都是用木頭做的，換言之要砍伐很多樹木，然而做成的椅子卻賣得很便宜，可想而知為了降低成本，傢具設計和生產的過程很不環保，經常用到化學膠水、油漆，對人體健康也不利。於是五年前他開始想，怎樣才能善待這些自然資源，讓木頭從被砍下來到作為傢具出售整個過程更加低碳環保。這個大方向定下來以後，設計就朝著這個方向去做，於是大概三年前他推出了OMÓS這個品牌。

OMÓS來自古希臘語，意思是最原始、沒添加的東西，Gary說起這個名字也考慮到市場推廣，因為容易叫。沒錯，從一開始OMÓS的產品設計、品牌創建（branding）和市場推廣就是齊頭並進的展開，在Gary看來單純設計產品的概念早已過時，設計完產品再做品牌和市場既浪費時間也浪費資源，因此他很早就請了歐洲設計師和做電子市場推廣（E-marketing）的公司一起研究品牌創建和產品設計。前端的開發就用了九個月時間，到產品推出市場總共一年半時間。

不同於傳統的傢具生產方式，OMÓS的木頭都是經過認證的環保材料，製造和運輸過程也都追求低碳，成本當然也高出普通傢具很多。經過調查，Gary發現香港50歲以上的人一般不會為了環保多花很多錢，而相對年輕一

方圓傢具的團隊與嚴志明（左三）在展覽會中交流合照。

代普遍學歷較高，對環保的意識較強，於是OMÓS的客戶群主要鎖定為千禧一代（Millennials）。進入設計階段時就要進一步了解這一代的需求和消費習慣，通過查找大數據，Gary發現願意購買環保傢具（Eco-Furniture）的年輕人在其他方面同樣非常環保，例如買衣服、吃東西都是注重環保的。所以從剛開始設計的時候，他就明確知道這個品牌不能只有木製傢具，還要加入一些環保的紡織品。什麼紡織品和環保最相關呢？香港理工大學的一位教授告訴Gary地球上最友善的植物是麻，用麻做成的紡織品最環保，已經是很多歐洲環保人士的共識。於是他找到湖南洞庭湖旁的一間做麻的工廠，當地政府為了淨化湖水花了很多錢去種麻，麻收割後無償送給工廠。所以經過充分的調研之後，最終確定OMÓS這個品牌主要以經過環保認證的實木和麻為原材料。具體設計產品時也是圍繞接下來的品牌推廣來做，簡單如一張椅子，其木頭來源、生產過程、運輸方式，整個過程的碳積分都是可以講述給客戶的品牌故事。而這些概念會再落實到具體設計上，例如設計的時候要考慮到低碳運輸，要設計成可拆卸且拆卸包裝後達到總體佔用空間最小，

從而降低運輸資源消耗。

　　OMÓS是香港第一家做這類低碳概念的傢具品牌，本身是傢具行業裡比較小眾的一個概念。電子市場推廣公司很早就開始與Gary溝通這個品牌從事的是哪類生活方式（lifestyle），這種生活方式的人會有哪些消費、參加什麼活動，接著通過大數據定位到相應的客戶群。他們發現儘管價格不菲，在香港還是有一群人願意花多一點錢去買低碳傢具，其中70%是在香港的外國人。由於目標清晰，針對性地吸引特定客戶，推廣起來反而比較容易。例如OMÓS的很多客戶居住在南區和半山，颱風之後這些社區的環保人士時常會去沙灘清理垃圾，OMÓS就會做這類活動的贊助商，通過這種共同進行環保活動的方式去接觸客戶，而不是用大量的硬廣告的方式。現在OMÓS有一家門店設在南區鴨脷洲海怡商貿區，2020年年底會在日本東京市附近開店，也在考慮去墨爾本開店，因為這兩地都有很多注重環保的人士。

　　OMÓS走上正軌後，Gary再接再厲，去年又推出一個新的品牌叫Hygge。Hygge是丹麥人倡儀的一種生活文化，意思是一種舒適放鬆的生活哲學。

因為Gary發現購買傢具的消費者當中有半數小於40歲，這些年輕一輩的審美與上一輩香港人明顯不同，他們最喜歡去的傢具店是宜家、無印良品和Francfranc，然而實際購買的並不多。Gary分析這是因為宜家在功能上不夠當地語系化，無印良品太過單調，尺寸也不適合香港的小戶型，Francfranc價格又偏高。而這三個品牌的共同點是他們傢具的風格上都關聯到北歐傢具。這促使Gary決定找北歐設計師共同打造一個帶有北歐風格，功能尺寸上又符合香港狹小居住空間，且價格位於宜家和無印良品之間的時尚品牌。Hygge從研發到推出用了九個月時間，現在已經在香港有兩家門店。

這些年電商成為新的銷售渠道，Gary為此特別推出了LohaSpace這個品牌。最初他在網上同樣銷售方圓的傢具，由於網上的銷售成本比實體店低很多，價格也因此要便宜一些，為了不影響到實體店的生意，Gary決定把電商賣的東西跟實體店的區分開，因此有了LohaSpace這個品牌。LohaSpace價格便宜，走低端路線。目前電商佔整個業務總量的分額不到10%，因為香港區域小，去實體店購買非常方便，很難在電商方面有大的突破。但Gary不會放棄電商的部分，他希望將來可以通過電商做更多的內地市場。

◉ | 第三次轉型：原創策略製造（OSM）

目前Gary正在打造的全新品牌Urban Devices，與其說是一系列的傢具，不如說是購買傢具的全新體驗。這個想法的產生，是因為曾經有開發商找Gary為三棟新造的小戶型公寓訂製傢具。公寓賣出後，他驚訝地發現當初為這批公寓設計的傢具被很多住戶拿到雅虎網站拍賣，甚至有人聯繫他，問是否可以退回，原因是當時設計的這些傢具不適合實際入住的家庭。這件事給了Gary很大觸動，他意識到配置傢具之前必須先了解住戶的需求。例如兩夫妻和一個孩子的三口之家，必須知道孩子年齡，如果還未到五歲，即沒有上學，傢具設計方面就要考慮更多的玩耍空間；如果是七歲到十一歲即表示已經進入小學，則必須設計書檯給孩子，所以整個設計不僅需要美觀，更要了解住戶的使用需求。傳統的做法是由室內設計師先了解家庭的人口構成、需求、空間特點，然後給出方案；Gary則希望可以通過Urban Devices這個平臺，利用當下的雲端運算和人工智能技術（AI）幫助客戶DIY家中的整個傢具系統配備。用戶通過手機或者電腦登入Urban Devices平臺，輸入家庭組成和個人喜好等各方面的資訊，再導入房間平面圖或用軟體自帶的測量工具測繪出房間平面，系統就會給出一系列推薦的傢具組合，供用戶自由選擇和更改。而用戶使用Urban Devices進行挑選和更改的過程中，AI系統也在不斷搜集和學習用戶的偏好，更新背後的資料庫。由於涉及到最新的IT技

術，這個項目是與一所香港大專THEi和一所澳洲大學Swinbume University of Technology（Melbourne, Australia）共同研發的。為了配合這樣一個平臺，還要預先設計好一套可以靈活組合的標準模組化的傢具，方便批量生產。這個項目從2018年9月開始，投入較大，開發流程也很長，預計2020年會推出，相信屆時將會徹底改變人們選購和配置傢具的方式。

這些年來運作品牌的經驗被Gary總結為是先看到市場空間，再對這個市場進行深入研究，然後從概念出發去開發設計。所以前期開發需要投入大量時間和資源，這對於很多中小企業來說並不容易。因此他也呼籲政府可以給予更多支持：「轉型是必須的，但企業有沒有能力很重要，政府幫不幫忙也很重要。」除了財政上的支援外，他認為政府也應教育企業，通過研究告訴企業應該怎樣轉型，並為企業提供渠道上的幫助。

TAKEAWAY

經營模式轉型升級

方圓從OEM轉型到ODM、OBM，做到自主研發，打造品牌；近年更朝著OSM發展，致力開拓客製化傢具設計服務，提高競爭力。

2005年開始方圓逐步放棄OEM的生產模式，開始設計生產適合本地的傢具，通過實惠（Pricerite）為主的零售店在本地市場銷售。2010年開始推出以方圓為品牌的大眾化傢具。近三年推出三個針對不同市場層級的原創品牌，目前正在進行中的項目進階到原創策略製造，將帶來消費方式和商業模式的創新。

從用家需要和概念開始研發新品牌

Gary先看到可以發展的市場空間，再對這個市場進行深入研究，然後從概念出發去開發設計。

做大眾化傢具時Gary發現資源浪費嚴重，進一步發現低碳環保的小眾市場的存在，於是決定開發OMÓS品牌，在進一步確定客戶群之後，研究客戶群的生活方式消費習慣，從而找到適合的產品策略和市場推廣策略。

注重設計研發

方圓在設計和研發上投入很大，針對不同市場而研發不同類型的產品。

相比宜家這樣的國際化品牌，方圓的大眾化傢具非常注重本地環境和市場需求。產品設計由歐洲的設計師、香港本地設計師和內地的工程師三方共同設計研發。傢具的尺寸、功能由香港本地的設計師設計，外觀美學例如線條、顏色、木紋則由歐洲設計師設計，確保傢具美觀實用。

個案研究 | 二

手握兩個原創品牌的梳化企業

歐達傢俱

如何先後成功打造
兩個原創品牌？

中國製造的香港品牌
如何進入海外市場？

KELVIN GIORMA

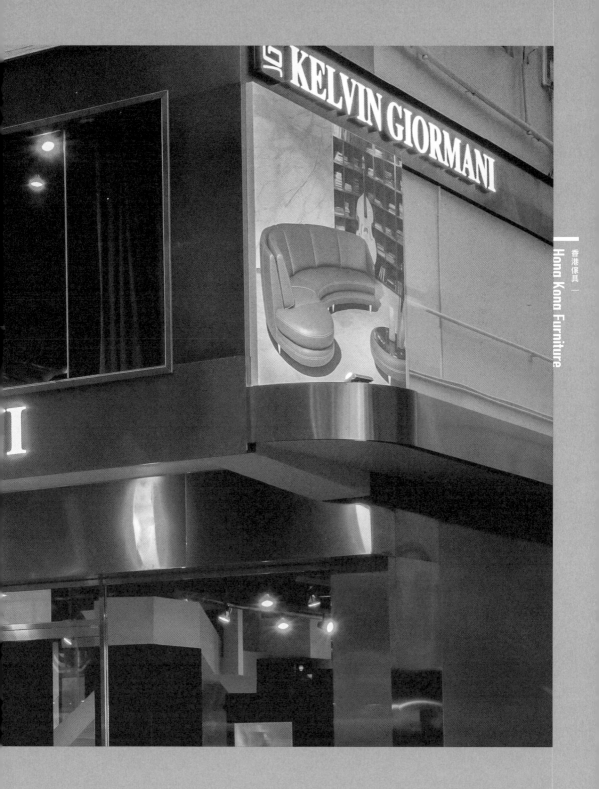

歐達傢俱的創始人吳紹棠（Kelvin）出身於傢具世家，1992 年大學畢業後他加入父親的企業，在不同崗位累積傢具銷售、生產、材料採購等各方面經驗。Kelvin 父親的企業做大量的海外代工生產訂單，沒有自己的品牌和設計，他感到這種依靠大規模生產獲取利潤的發展方式不是他的熱情和興趣所在。做採購和出口時他常去海外拜訪客人，因此看到海外的傢具市場，做香港批發業務時又對香港市場了解，他發覺香港的產品設計比較落後，款式陳舊。在幫父親管理一間梳化廠時，他產生了創立一個針對香港市場的梳化品牌的想法。於是 1999 年，Kelvin 離開父親的企業，與妻子唐慕貞一起創立了歐達傢俱。

早期他們一邊為歐美客戶做代工生產，一邊把歐美款式的梳化調整成適合香港的尺寸，以茲曼尼GIORMANI為品牌在香港本地市場銷售。2004年歐達傢具開始為德國高級梳化品牌WECO生產梳化，WECO專門請德國設計師設計了一個新的產品系列，由Kelvin的工廠生產。這個過程中Kelvin學習到了怎樣從零開始，開發設計產品，加上他多年積累的生產管理和市場經驗，Kelvin開始自己設計梳化。2007年WECO不幸倒閉，為了不放棄海外業務，Kelvin決定開發一個新的品牌通過海外經銷商推向海外市場，於是有了KELVIN GIORMANI這個國際化品牌。KELVIN GIORMANI比針對香港本地市場的茲曼尼GIORMANI高端，適合歐美的中端市場。近幾年隨著香港的中高端市場的逐步成熟，Kelvin也開始在本地推廣KELVIN GIORMANI，目前已經在香港開了三家門店。

◎ ｜各具特色的品牌形象

早期的茲曼尼GIORMANI品牌與當時市場上的梳化已有明顯的分別，那就是用布和皮配搭。在香港布梳化因為難打理一直不太流行，但布梳化花色鮮豔容易吸引眼球，於是Kelvin想到把布和皮搭配起來，例如用布做梳化的靠墊鮮豔奪目，用皮做梳化的扶手結實耐用。客人還可以自己選擇搭配面料，或者買幾個不同的梳化套自己更換樣式。而且這樣布、皮混搭和高度客制化的概念令茲曼尼GIORMANI的品牌形象非常鮮明，即使客人最後沒有選擇那麼活潑的搭配，突出的品牌形象已經先把客戶吸引過來。

KELVIN GIORMANI的設計概念則是以高級訂造以滿足寬大居住空間以至小戶型單位的需要。在造型和皮革工藝上都注入了更多設計元素，令產品

TIMELINE

1999

吳紹棠（Kelvin）與妻子
唐慕貞創立歐達傢俱

2004

為德國高級梳化品牌
WECO 做代工生產

2008

推出中高檔品牌 KELVIN
GIORMANI

2010

Kelvin 獲香港青年工業
家稱號

2016

KELVIN GIORMANI 在香
港開設首間展示廊

KELVIN GIORMANI 的 PACECO 彈鉸梳化。

更加豐富，也讓兩個品牌各自找到不同的定位。整體造型上
KELVIN GIORMANI的梳化也比一般方正的梳化更多弧度和
設計感，增加了品牌的獨特性。皮革工藝是指用不同的形式
例如針織、沖孔等讓皮的表面有裝飾性變化，這些元素更多
出現在時尚皮具如手袋皮鞋上，梳化上並不多見。一方面因
為消費者不容易理解，另一方面因為生產難度高，需要很多
工時增加了成本，而梳化不似奢侈品有很高的附加價值，所
以歐洲傳統品牌做皮革工藝的並不多。而中國的皮革工藝很
好，可以在合理的價位做到高品質，所以 KELVIN GIORMANI
加入了很多皮革工藝，進入歐美中檔價格的梳化行列。

　　過去兩年KELVIN GIORMANI賣出很多功能梳化。傳統
歐洲梳化品牌一直很抗拒做功能梳化，因為功能梳化的機
件很大，會影響到梳化的比例尺寸。Kelvin原先也抗拒在
KELVIN GIORMANI中引入功能梳化，後來在美國客戶的要求
下用了兩年時間開發出比例合適外觀精美的功能梳化，之後
慢慢增加了不同的款式。預計未來功能梳化也會是KELVIN
GIORMANI品牌發展的方向之一。

茲曼尼 GIORMANI 的 ASHLEY II 梳化，可自選多款皮革及布藝。

茲曼尼GIORMANI的北歐風格TOBIBI（I）皮革梳化。

◉｜海外經銷商助力市場拓展

作為中國製造的香港品牌，KELVIN GIORMANI打入海外傢具市場的一個重要條件是搭建銷售管道。KELVIN GIORMANI創立後，早期茲曼尼GIORMANI提供代工生產的一批海外客戶成為KELVIN GIORMANI首批品牌經銷商。例如當時WECO在美國的代理在WECO倒閉後開始代理KELVIN GIORMANI。同時Kelvin通過參加國際展會不斷認識更多的客戶，就這樣逐漸建立了現在的海外銷售管道。

找到適合的經銷商建立長期的合作並不容易。有些經銷商做不了多久就放棄了，有些做出成績後被意大利、德國品牌吸引挖角。畢竟，留著海外經銷商並不容易；不少經銷商寧願經銷外國的傢具，因為這些傢具已深入人心，只需要簡單介紹產地來源便足以吸引消費者，不用像推銷KELVIN GIORMANI那樣，既要介紹品質、皮革工藝，又要說明客制化等品牌概念。Kelvin為了幫助經銷商們打開市場，每年都會在展會上將店面布置、宣傳材

料、產品設計和品牌故事的表達方式，直觀展現給經銷商，讓他們可以直接用到當地，而這些素材也隨著產品的更新而即時更新。廣告推廣方面，考慮到成本和市場定位，Kelvin沒有給經銷商過多的廣告經費，而是用獨家代理權的方式保障代理可以放心地在當地推廣品牌，絕不在代理商所在的市場製造競爭，例如去開分公司或者在當地市場隨意銷售產品。而且如果代理商做了很多廣告，令到產品賣到更高價格，多出的利潤也歸代理商，這樣令經銷商有信心也更加用心的建立品牌形象。目前KELVIN GIORMANI最大的海外市場是日本，長時間保持訂單的客戶有十個左右，加起來4、50家店。雖然過去十年客戶群也有流動性，但與這些海外經銷商的合作都是在建立品牌的基礎。

◉ │ 不斷創新的設計

從2008年開始KELVIN GIORMANI每年產出大約20個設計，一般能有兩個設計銷量不錯，而Kelvin亦能從其餘設計中獲得經驗，得到客戶回饋後，年復一年地提升設計。雖然被市場接受的款式相對有限，但也不會隨便停產某一個款式。

為了令產品更加多元化，歐達傢俱還不斷與獨立設計師合作。比如兩年前與意大利室內設計師、產品設計師Michele Mantovani合作一系列梳化，又與美國設計師Michael Wolk合作設計單椅。這類與當地設計師的合作更能符

玆曼尼 GIORMANI 與本地知名設計師劉小康合作設計的 Pony Chair，以小朋友的木馬玩具作為創作靈感。

玆曼尼 GIORMANI 與香港本地創作品牌 Chocolate Rain 合作設計的黑白咖啡杯轉椅。

茲曼尼 GIORMANI 與本地設計師 Kenny Li 合作設計的 KubeArt 梳化，以「扭計骰」作為創作概念，讓消費者可自由拼湊出獨特的配色與圖案。

合當地的審美和需求。除了多元化的設計外，也有對不同材料的運用，例如把另類的皮革或玻璃、木材、電子產品的元素加入到梳化上，產生獨特的效果。

同時，Kelvin積極與香港不同範疇的設計師合作，例如創作品牌 Chocolate Rain、設計師劉小康、時裝設計師李冠然、歐陽應霽和潮牌 Husky×3 等。跨界合作產生很多概念性的作品，例如雞蛋仔梳化、方塊組成的另類梳化等。這些概念性設計的可售性還有待提高，但成功塑造出獨具設計感的品牌形象，有著很強的市場推廣效果。

◎ ｜訂製化和複雜的工藝生產

為了適應不同的市場及消費者的個性化需求，歐達傢俱的開發部門在設計產品時往往要設計很多不同的版本。同一個款式的梳化從座位數量、扶手類型、組合方式上會產生20至50個不同的單體規格，經銷商可以靈活選擇不同的規格在當地銷售。針對不同地區又會有審美偏好和舒適性方面的調整，例如美國的梳化坐高通常比較高、歐洲的坐高相對低、日本的梳化要硬一些之類，而到了消費者層面又會有更多靈活的調整。

這樣的標準化程度有限、高度客制化的生產對於生產線的靈活性有很高要求。在Kelvin的工廠大部分的訂製單是不須開發部門介入的，只用通過生產線去處理，比如某一張梳化要加多五厘米，木架開料的員工就要準確地知道應該在哪個地方加五厘米，或者多加海綿應該加到哪裡，所以即使只是普通的車工或者開料的工人，都要有訂製的概念。

標榜獨特造型和皮革工藝的KELVIN GIORMANI對於工人手藝的要求高於一般的梳化品牌。隨著設計的複雜化，生產難度增加，對工藝的要求也越來越高，新的工藝和工具也在過程中被不斷開發出來。Kelvin解釋這其實是一個逐步演變的過程，確定了設計和需求之後，就去嘗試生產，生產出來客戶滿意就有了成功經驗，客戶不滿意的地方再繼續改進。因此他說一間公司的生產價值在於生產人員，生產過程中建立起團隊的手藝和經驗才是重點。

目前兩個品牌的業務佔比上，KELVIN GIORMANI佔30%，以國際市場為主；茲曼尼GIORMANI佔70%，以本地銷售為主。未來Kelvin希望進一步提高本地市場的佔有率，為此有可能將茲曼尼GIORMANI的生產交給其他廠家，自己的工廠專注生產高品質的KELVIN GIORMANI，並繼續建立KELVIN GIORMANI的品牌知名度。未來時機成熟後，有可能進一步打入內地市場。

TAKEAWAY

分眾的市場，拿捏不同的市場定位

茲曼尼GIORMANI和KELVIN GIORMANI各自的獨特設計為產品增加價值的同時創造了鮮明的品牌形象。

茲曼尼GIORMANI特有的皮和布的配搭，塑造出品牌鮮明年輕的形象，吸引客戶選購。KELVIN GIORMANI對造型和皮革工藝的運用，令品牌成功躋身歐洲中端市場。

高度訂製化，設計追求多元化

茲曼尼GIORMANI和KELVIN GIORMANI的訂製化程度都很高，增加了品牌的獨特性，而且也通過與其他設計師合作，創造更多元化、跨界別的作品，例如與意大利室內設計師、產品設計師Michele Mantovani合作的梳化系列、與美國設計師Michael Wolk合作設計單椅等都是突出的例子。

生產線的靈活性很高，大部分的訂製單是不須開發部門介入的，只用通過生產線去處理，即使普通的車工或者開料的工人都要有訂製的概念。

建立經銷商管道

KELVIN GIORMANI打入海外傢具市場的一個重要條件是搭建銷售管道，與海外經銷商的合作是建立品牌的基礎。

Kelvin為了幫助海外經銷商們打開KELVIN GIORMANI市場，每年都會在展會上將店面布置、宣傳材料、產品設計和品牌故事的表達方式，直觀地展現給經銷商，讓他們可以直接用到當地；並用獨家代理權的方式保障代理可以放心地在當地推廣品牌。搭建銷售管道、與海外經銷商的合作是建立品牌的基礎。

個案研究 | 三

放手為了走得更遠

科譽

最佳辦公室傢具品牌是
如何建立的？

退出親自創立的企業
有哪些商業策略上的考慮？

香港傢具 一
Hong Kong Furniture

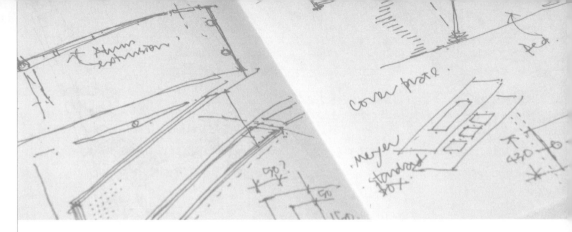

科譽的傢具經過精心的考量、計算及設計。

嚴志明（Eric）1994 年創立的科譽（POSH）是一家從事辦公室傢具設計、製造和銷售的公司。科譽在 2007 年被《資本雜誌》選為「香港最佳辦公室傢具品牌」，更在 2010 年被香港品牌發展局選為「香港名牌」。其行政總裁兼首席設計師 Eric 曾獲選為 2005 年「香港青年工業家」。

◉ ｜ 發展歷程

Eric的父親嚴文熙1950年代開始做鋼具生意，創辦新興鋼具廠。Eric於英國修讀建築，在英國和香港從事建築設計。1990年代，企業多採用系統傢具，較具規模的公司開始將傢具採購交由設計師負責，令新興的傳統零售營商方式面臨衝擊。另一方面，1990年Eric回到香港當建築師，本身從事設計的他覺得父親公司的產品設計上可以有新的概念，於是毛遂自薦為父親的公司設計傢具。1991年他以新改良檔案櫃COSMOS系列參與香港的傢具展覽，獲得良好的反應。該系列不但統一不同儲存功能的產品基本尺寸及外觀語言（visual language），並在產品編號融入產品的信息，也有系統性組合，將宣傳推廣的元素也一併考慮。此外，有別傳統鋼製傢具的灰、米兩色，新產品加入黑色、銀色及白色；並開始用木、皮革及玻璃等不同物料，配合鋼製結構，使產品更具特色。

1992年Eric在新興成立「項目辦公室」（Project Office de Sun Hing），科譽的英文名 POSH 由此而來。最初團隊僅有四個人，Eric既是設計師，也是銷售經理和項目經理，以創新的產品及服務，建立科譽的團隊和網絡，業務由香港拓展至中國內地及海外多個國家。至1990年代末科譽在香港和內地已經有多個經營網點，在東莞的工廠負責生產，香港以科譽公司為名做銷售及市務推廣。科譽一邊銷售自己的品牌，一邊代理外國品牌，有些客戶索性將

1992

新興成立項目辦公室（Project Office de Sun Hing）

1994

科譽（POSH）成為獨立公司

1995

香港和內地註冊「科譽POSH」品牌

1996

在內地建立科譽特許經營網絡

1999

成為美國上市公司Herman Miller 在香港及內地的代理商

2002

分別與世界著名的意大利生產商 Pan Office 及著名加拿大公司 Allseating 簽訂中國地區的代理及生產協議

2004

與全歐洲最大規模的辦公室傢具集團 Samas-Groep 組成業務伙伴

2008

成為 Herman Miller 的全球策略合作伙伴，共用分銷網絡。

2011

Herman Miller 正式收購科譽

2014

嚴志明（Eric）退任科譽主席、行政總裁及首席執行官職務。

2015

科譽於 Herman Miller 印度廠房加設生產線

生產也授權給科譽，這樣大大縮短交付時間，提升了產品的競爭性。科譽和美國龍頭傢具製造商Herman Miller的合作也是由那時開始。2011年Herman Miller正式收購科譽，Eric繼續擔任行政總裁，2014年卸任後先後擔任首席設計師和顧問。

◎ | 加入Herman Miller的考慮

與Herman Miller合作主要有兩方面的因素。其一，Herman Miller是Eric很欣賞的企業，不僅因為這個企業的歷史，也因為長期合作下來，很了解和認同Herman Miller現任領導層的想法和願景，更重要的是Herman Miller有很強的研發團隊和成熟的開發運營系統。事實上，從設計師的想法到產品推出市場，中間有很多過程，包括工程方面的支援、對不同市場的了解、銷售方的意見、風險的計算等，都關係到最終的產品策略。在跟Herman Miller的長期合作中，Eric發覺Herman Miller系統化的科學運作流程有助產生更有市場影響力的產品和服務，這恰好是POSH欠缺的。一直以來POSH靠的更多是Eric作為設計師和企業家的直覺，但企業的長遠發展和傳承不能僅依賴某一個人的個人能力，一套科學的運作體系是必要的，POSH自己建立這樣的系統並不容易，加入Herman Miller共用資源是一個不錯選擇。

與Herman Miller聯盟的另一個原因是出於進一步拓展海外市場的考慮。最初兩家企業的合作就是互相看中對方的市場平臺：Herman Miller在國際市場發展很好，但在中國內地發展一般，而POSH在香港和內地市場做出了很好的成績，國際市場還有待進一步展開。除了共用彼此在各自市場的銷售網絡之外，擴大市場也需要生產能力的提高。雖然Herman Miller在寧波設有工廠，而POSH在東莞設有

工廠，但想要進一步發展亞洲其他市場，例如POSH當時已經開始踏足印度，在當地建立工廠變得十分必要。因為在中國生產印度銷售所需要產品的交付時間（lead time）將近12個星期，遠遠達不到市場期望，而且當地客戶購買非本地生產的產品要交重稅，損失了產品的競爭力。單獨在印度投資開廠需要很多資源，對POSH來說有些吃力，Eric覺得既然兩個企業都有進一步發展印度市場的意向，通過讓兩家企業合併的方式去推動，也不失為一個方法。所以Eric形容POSH與Herman Miller就像兩個認識已久的男女朋友某天決定結婚一樣，雖然有些突然，但很自然地成為了一家人。

◉ | POSH的無形資產

而Herman Miller又是出於什麼原因想要收購POSH呢？Eric認為Herman Miller希望通過收購POSH主要獲取POSH團隊的產品開發及設計能力和在內地乃至亞洲的銷售網絡，這些也被他稱為「software」。

長期以來Herman Miller主要面對國際市場，產品研發生產與亞洲市場有所不同，例如Herman Miller提供的產品都是12年的保養期，而亞洲市場其實五至十年就足夠了；Herman Miller產品研發到推出的周期大概三至五年，而亞洲地區習慣是12個月到18個月。因此Herman Miller很需要POSH的研發團隊在亞洲市場的經驗和專業，以及供應商的關係網。

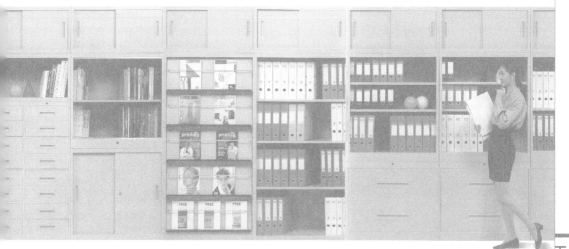

高度的相容性是科譽傢具設計上的強項，一件產品可分析成不同組件，如上圖的辦公室櫃，可靈活地組合不同的分層及功能。

　　POSH向來以產品設計見長，在設計相容性上有很強的經驗，不同產品會用到一些相同的組件。這一設計理念最初是為了方便生產，初入內地開廠的時候，為了能讓員工迅速掌握生產方法，Eric專門研發了一套設計體系，將一件產品拆分為不同的組件，易於生產、組裝和運輸。對於經銷商來說，這種共用組件有助於減少倉庫的配件存貨，不需要為某個系列的產品存放全套配件，而且往往一個組件還可以滿足到不同的功能，帶來更多彈性。對於終端使用者 （end users）來說，共用組件的也令使用、維護等後續服務變得簡便，而且可以節約資源。試想已經用了多年的企業傢具，只需替換其中某些組件（如門或者背板），就可以讓辦公室面貌煥然一新。這種高度兼容、靈活彈性的設計理念曾幫助POSH贏得了IBM亞太區辦公室的傢具項目。而這種設計方式早已成為POSH團隊的習慣，融入到產品設計的DNA中。

　　除了POSH長久以來的設計理念和經驗，Herman Miller也看重POSH在內地建立的銷售網絡，即特許經營體系。現在的特許經銷網絡是Eric由POSH早期逐步建立起來的，那時POSH和經銷商還是起步階段，多年來互相合作、共同成長，過程中建立了信任和感情。隨著POSH發展越來越好，當初一些小型規模的經銷商現在已發展到上百個員工的規模。Eric說選擇合作伙伴非常重要，在選擇特許經銷商時，他著重建立個人信任，以及了解對方想要合作的原因，觀察對方是否懂得欣賞POSH的品牌和產品，而非以經銷商現有實力為主要考慮。

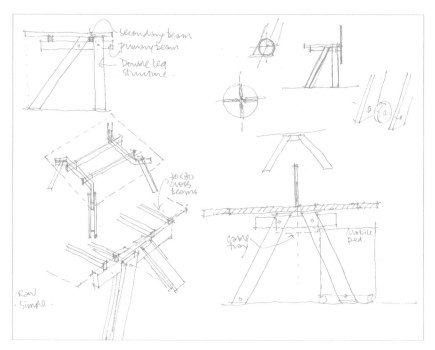

科譽的團隊在產品外觀及結構上皆有巧妙的設計（上圖），成就優美又耐用的傢具（下圖）。

　　從創立POSH，到把POSH交給Herman Miller，Eric的身份也從POSH的老闆，變為合作伙伴、投資方，再到永遠的好朋友。對待這種身份的轉變，Eric有著自己的看法。他說很多時候第一代企業家都是實幹者，是擼起袖子做事的人，但企業發展到一定階段其實可以重新考慮身份，不一定要凡事親力親為，可以選擇繼續做一個製造者，也可以從投資者的角度幫助企業發展，甚至從工業家的宏觀視角去帶動企業和所在行業的升級轉型，令企業和行業有更廣的發展空間和更大的影響力。事實證明這幾年加入Herman Miller後，POSH發展良好，Eric說就像自己的女兒嫁了一個好人家，他也很高興。帶著這種工業家的視角，Eric離開POSH之後擔任了香港設計中心主席、香港設計委員會主席暨香港工業總會副主席，亦在多間大學出任客席教授，透過設計繼續幫助香港工業的發展，他希望通過設計思維這個理念和框架，為香港工業和香港經濟發展作出貢獻。

TAKEAWAY

設計研發帶動企業發展

　　POSH向來以產品設計見長，有著自己獨特的設計理念，加入Herman Miller後結合專業化、系統化的研發流程，將有更長遠的發展。

　　POSH獨特的共用元件設計令生產、運輸、銷售和售後都更加便捷。Herman Miller的研發團隊和開發運營系統有助於更加科學和系統的制定產品策略，產生更有市場影響力的產品和服務。

建立可信的經銷商網絡

　　內地的特許經銷商網絡是POSH的一筆無形資產，也是Herman Miller想要收購POSH的原因之一。

　　Eric從POSH早期逐步建立經銷商網絡，長期合作中建立了信任和感情。Eric說選擇經銷商伙伴時，著重建立個人信任，以及了解對方想要合作的原因，觀察對方是否懂得欣賞POSH的品牌和產品。

用工業家的視角為企業助力

　　POSH於2011年被Herman Miller收購，Eric用這種方式為POSH構建了更長遠和廣闊的未來發展空間。

　　Herman Miller強大的研發資源帶來更加科學和系統化的研發運作。於Herman Miller印度設廠房，建立科譽產品的生產線，可以大大擴展POSH的海外市場空間。

個案研究 | 四

床褥起家的
綜合傢具企業

西德寶富麗

從代理德國床褥到
生產經營各類傢具的
發展之路是怎樣的？

40年的傢具企業
如何適應市場，
不斷變化發展？

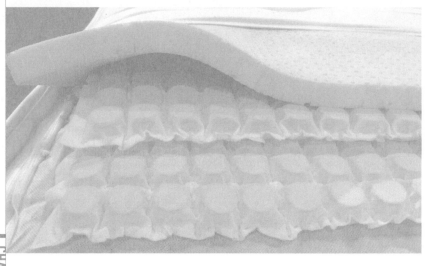

西德寶富麗的
產品有出色的
品質。

西德寶富麗行政總監梁勵（May）的
父親從事傢具業多年，在 1978 年
成立西德寶富麗（遠東）有限公司，
開始代理來自德國的床褥品牌寶富
麗（Profilia），1990 年代德國寶富
麗母公司停產，May 的家族成功取
得法定商標擁有權，開始獨立經營
西德寶富麗這個品牌，並在內地設
廠進行研發生產，產品類型日漸多
元化，除床褥外還提供床上用品、梳
化、木製、鐵器傢具等。

◉ ｜ 品質取勝

　　來自德國的寶富麗床褥向來以優質的材
料和堅固的結構為人稱道。德國的鋼材出名
優質，同樣粗度的彈簧，用德國鋼絲製作出
來會更加硬挺，所以床褥也更加耐用。西德
寶富麗是香港第一個提供床褥保用期的品
牌，在此之前香港不存在床褥保用，在西德
寶富麗帶領下開始有多達15年的保用期。曾
經在工展會上有用家告訴May，他在30年前
買的西德寶富麗床褥，直到搬新屋的時候才
換了新的，因為床褥仍然沒有變樣或凹陷，只是外布太殘舊；亦有酒店業的
客戶問May，多年前購買的西德寶富麗床褥何時才會用壞，因為公司給了更
換傢具的預算，但床褥一直沒壞。為了保證品質，到今天西德寶富麗依然盡
量沿用德國的鋼絲。床褥以外的傢具同樣以高品質的理念，盡量選用最好的
物料，例如西德寶富麗推出了香港第一件獲得安全認證的梳化，梳化外層的
真皮通過了防敏感測試，而內裡的海綿都是阻燃物料。

　　在保持品質的同時，西德寶富麗不斷創新產品。早年西德寶富麗主打

TIMELINE

1978

西德寶富麗（遠東）有限公司成立

1995

江門工廠投產

2007

香港中小型企業商會頒發「最佳中小企業獎」

2013

香港品牌發展局頒發「香港名牌」獎項

2014

生產線榮獲 ISO 9001 質量管理認證

2017

綠在香港環保教室（垃圾分類桶）冠軍

2018

美國尖峰大獎（公眾傢具第四名）；香港工業總會頒發「D-Awards」大獎香港 50 大設計品牌。

2019

瑞士日內瓦發明金獎

的冬暖夏涼雙面床褥非常著名，床褥一面是羊毛，一面是馬毛，在當時是第一間做這種床褥的品牌。隨著各種新型面料的出現，當年的馬毛早已改為散熱纖維。除了材料更新帶來的創新外，西德寶富麗也積極回應市場的需求，不斷推出具有特殊功能的床褥和傢具，例如與醫療機構合作研發可以促進血液循環的遠紅外線床褥、設計和製造保護脊椎的梳化等。為了讓用家在坐下時能得到更好的承托，梳化完全貼合腰骨，西德寶富麗的梳化中部靠背會做的更加飽滿，這對生產工藝的要求其實很高，需要用不同的力度令同一個物料有不同的功能，產品都需經過坐感測試後才能出貨。

除傢具外，西德寶富麗還根據客戶需要研發家居設備。最新的一個專利是床褥升降架。有酒店業的客戶告訴May，清潔員工每天更換酒店床單時要彎下腰抬起床墊四角，很不方便，經常傷到脊椎骨，於是西德寶富麗研發了一個自動裝置，可以把床墊連床升到適合的高度，令用戶站著就能輕易更換床單。目前這個升降架已經被澳門及香港多間酒店採用，減少了許多工傷意外。

香港傢具 — Hong Kong Furniture

西德寶富麗的產品配置。

西德寶富麗與知專設計學院合作名
為 Connection 的公共椅，於 2018
年榮獲美國尖峰大獎的第四名。

　　西德寶富麗高品質和多元化的產品得益於強大的生產線。May的父親在1990年代初曾在新加坡建立木器生產線，1994、95年內地江門設廠後，新加坡的生產線和員工也搬來中國，當時一批新加坡、馬來西亞師傅早已在中國安家。在這些師傅的培訓下，內地工廠的本地員工從零開始學習傢具製造，原本從事銷售為主的May一家也從頭開始學習生產和管理。

　　1995年江門工廠正式投產後，西德寶富麗的生產線從床褥迅速發展到梳化、床上用品、木器，甚至鐵器傢具，成為少有自己生產各類不同傢具的企業。其實早期西德寶富麗曾嘗試在其他廠家訂製部分傢具，結果出貨的時候發現品質參差不齊。May的父親對於貨品的要求很高，看到這種狀況後，遂決定自己聘請師傅生產，既能把控品質，又能靈活安排數量，不必受到外判的最低訂貨量限制。就這樣一步一步建立起西德寶富麗種類齊全的生產線。得益於過硬的生產能力和品質把控，有部分香港和外國品牌找西德寶富麗做原件生產，不過這部分業務佔比小於西德寶富麗自己品牌的產品。

　　生產方式上西德寶富麗也在不斷更新，其中一個趨勢是傢具生產的機械化程度越來越高。工廠引入了電腦數控機後，輸入特定的要求就可以直接機器加工，人機協作節省了不少人手。而近些年隨著居住環境和市場需求的改變，客制化的業務佔比越來越高，從過去的三成增長到七成。進行客制化生產需要與客戶有緊密的溝通，了解客戶的需要，把客戶的概念變成圖紙，有時還要給出不同的方案。May提到為內地的房地產商做樣板房的配套傢具時，做出不同設計風格的方案供客戶挑選。她說如果不回應市場積極轉型，就會逐漸失去生存空間。

◉ | 商用市場的拓展

　　家用市場以外，這些年西德寶富麗的商用業務明顯增多，例如來自酒店、地產商，甚至郵輪的訂單。酒店業對床褥傢具的要求很高，據May介紹在香港能進入酒店業的床褥品牌主要有五個。西德寶富麗的床褥從耐用程度、面料、彈簧承托度方面，獲得了眾多酒店客戶的肯定。西德寶富麗會提供樣品床褥給客戶試用，酒店試用過一段時間，得到住客的正面回饋後才會下訂單。May說經常有酒店住客體驗了西德寶富麗的床褥後感到太舒服，於是掀開床褥看是什麼品牌，之後主動聯繫西德寶富麗，由此吸引了很多生意。除了為商用客戶提供床褥，西德寶富麗還幫客戶定做全套的傢具。早期西德寶富麗以家用市場為主，商用業務僅佔一成，現在已經佔到整體業務的七成。

2019 年與學界（香港浸會大學）合作製作了這張椅子，還得到 2019 瑞士日內瓦的發明金獎。

西德寶富麗與
雙城品未推出
的聯乘產品。

儘管家用市場佔比縮小，西德寶富麗在香港依然有著完善的銷售網絡，批發傢具給百貨公司、連鎖店、傢具店、設計公司和網上店舖等在內的300多個銷售點。

◉ | 多元合作

商業模式上，西德寶富麗大膽嘗試創新。任香港傢俬裝飾廠商總會主席的May，除了銷售西德寶富麗的傢具外，近幾年與不同領域的設計師跨界合作，推出一系列的傢具作品，例如與深圳的一個室內設計公司共同推出的寵物傢具系列，其中貓凳可以給貓用來抓痕，主人坐上面也可以與貓互動。更於2019年與香港浸會大學合作製作了名為「OH」的茶几及椅子，還得到了

西德寶富麗與知專設計學院合作的
Adaptive Cabinet，櫃門打開後，
消費者可坐在其上穿鞋，展現出別
出心裁的設計。更於櫃中加入扶手
設計，方便長者使用。

2019瑞士日內瓦的發明金獎。May很歡迎這種合作方式，因為很多設計師有設計的想法但不懂生產和推廣，西德寶富麗正好可以提供這方面的專業支援，互相合作可以產生更多有設計感的新穎產品。而西德寶富麗也很受設計師們的歡迎，因為齊全的生產線可以生產各類傢具，只需要一個廠家就可以實現設計師的各種設計靈感。

　　從代理品牌到自主研發生產，從床褥到各類傢具，從家用到商用市場，40多年來西德寶富麗不斷轉變，堅持不變的是對品質的追求和產品的創新。

香港傢具
Hong Kong Furniture

TAKEAWAY

品質要求

　　西德寶富麗的床褥採用最好的材料，耐用性極好，得到家用和商用客戶的認可。生產更擁有ISO 9001之認證，非常重視品質。
　　西德寶富麗推出了香港第一件獲得安全認證的梳化，梳化外層的真皮通過了防敏感測試，而內裡的海綿都是阻燃物料。

產品創新

　　西德寶富麗一邊推出新的床褥產品，一邊拓展業務範圍，生產梳化、木器等傢具。
　　西德寶富麗推出的冬暖夏涼床褥和紅外線床褥都廣受市場歡迎；在生產梳化時，推出護脊功能的梳化，增加產品價值。

市場拓展

　　西德寶富麗從家用市場為主發展到商用市場為主，為很多酒店提供床褥和傢具。
　　西德寶富麗將床褥給酒店客戶試用，床褥的舒適度和耐用性得到酒店青睞。同時回應市場需求，提供傢具訂制，目前七成業務來自商用客戶。

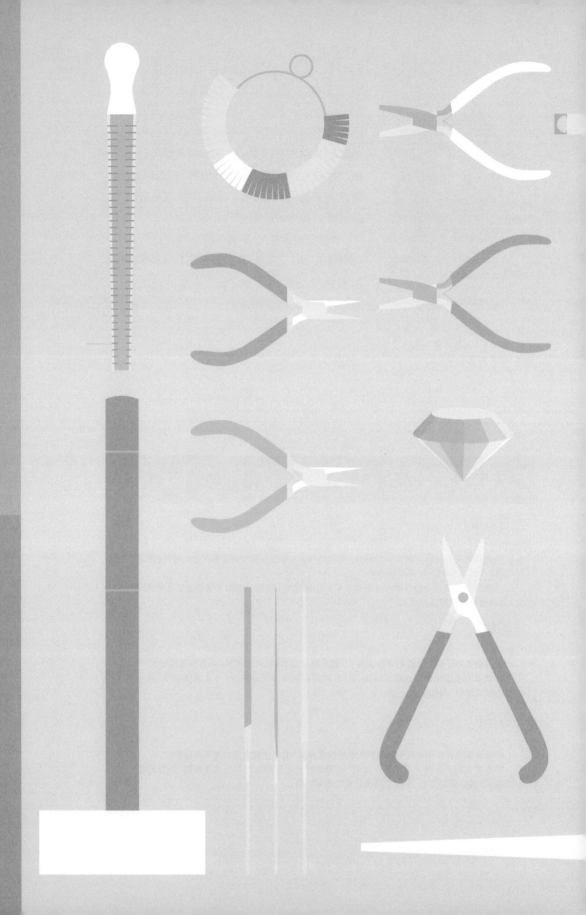

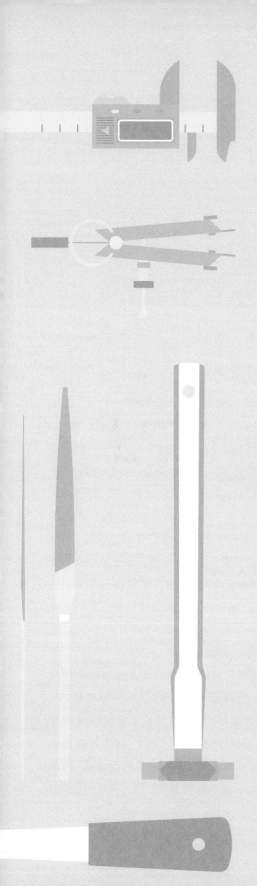

HONG KONG JEWELRY

2

香港珠寶首飾

你可有想像過
香港的本地珠寶名牌，
可與世界上的
百年知名品牌鼎足而立？
香港的珠寶設計師
匯聚中西方的藝術元素，
研發嶄新的切割技術；
近年本地冒起的珠寶品牌，
也能在世界奢侈品市場上
佔一席位。

香港珠寶首飾行業簡介 INTRO-DUCTION

珠寶業是香港其中一門最古老的手工業，現時香港的珠寶業大致可分為兩個領域：貴金屬珠寶及仿首飾。經歷數十年的變化與成長，香港憑藉熟練及高生產力的勞動力，以及合理相宜的價錢，漸漸發展成全球其中一個珠寶生產及分銷基地。

自1842年開埠以後不久，珠寶業已開始在港發展，其中南盛老金舖很可能早在 1852年或之前開業。至1880年代，中、上環及筲箕灣、油麻地一帶已有十多間銷售金銀首飾的店舖，對象多為本地漁民、農民和華僑。1926年香港唐裝首飾商業會成立，顯示香港的珠寶首飾業已有一定規模。1930、40年代，不少今天的金飾珠寶品牌店如周生生、周大福、景福等店都在香港設店開業。

踏入1950年代，由於內地局勢不穩，大量珠寶商及技師從內地來港。在此以前，上海和廣州的珠寶業一直領先香港，但隨著兩地的技術人才湧至，為香港帶來了重要的珠寶文化、設計和製造技術，以及經營方式。1950、60年代香港珠寶業急速發展，1960年香港珠寶業只有850名從業員，但至1968年已有超過 2,500人從事珠寶製造工作。不過，這時期

的珠寶生產以小型家庭手工業為主，各戶承接分包合同工作，這種模式講求勞工集約和技術，但各戶大多只負責某個工序；另有一些珠寶店則在閣樓自設工場，聘請或自任技師，自行設計、製造珠寶產品。除了行業擴張，香港的珠寶業出口額亦急速上升，由1960年2,200萬港元急升近五倍至1968年1億550萬港元。

1970年代中期以降，本地珠寶出口經歷了長達近十年的飛速增長，珠寶業逐漸形成以出口為主的模式，1976年本地珠寶出口額為6,870萬港元；但至1986年，出口額增加超過五倍至36億1,100萬港元。作為世界上其中一個珠寶製造及貿易中心，香港的優勢主要在其自由港政策。由於香港並沒有寶石資源，必須依賴入口，免除珠寶原材料及產品的關稅和消費稅的自由港政策，為本港珠寶廠商省去重大支出，同時令香港逐漸發展成寶石、珍珠、玉石和黃金交易中心。而香港政府於1984年頒布《黃金標註法令》修例規範黃金之成色，並設立黃金含量成色檢定中心，鞏固了本港的黃金交易市場地位。另一方面，一部分香港珠寶廠商更漸由OEM轉型為ODM模式，甚至建立自家品牌，並積極向世界推廣本地產品，例如自1985年起參與由貿發局主辦的香港國際珠寶展覽會；自1986年起參與巴塞爾鐘錶展覽會，藉此走向世界，開拓新市場。

隨著香港自1980年代起躍升成世界的珠寶貿易中心，並開始出現以出口為主的大型廠商，這些廠商能夠投資機器，透過失蠟法大量生產各類型珠寶首飾。然而，本地珠寶業仍以中、小型廠商為主。根據1986年的統計，65%廠商都是少於十人，34%珠寶廠少於100人，只有五間廠商聘用超過200名員工。中型廠商多為承包商，從各大廠商承包訂單，甚少參與設計及銷售；小型廠商則只附承部分工序，甚少生產完整成品。但雖如此，香港的珠寶設計及生產水準顯然已獲得國際認可，例如1986年本地設計師便分別在日本、瑞士贏得珠寶設計獎項；而本地的珠寶廠商，憑藉技師們出眾的鑲嵌技術，尤擅長生產耳環、戒指等小型的鑽石首飾；加上本地工人薪金相對較低，本地廠商得以降價增強競爭力，令香港珠寶首飾在歐美、日本等地大受歡迎。

然而，隨著本地生產成本日漸加重，自1990年代初起，部分珠寶業廠商開始考慮將生產線北移，只在港保留行政及銷售部門。本地廠商大都於就近的廣東地區設廠，其中又以番禺為港商的生產中心。隨著生產線北移，香港漸由珠寶出口轉型為轉口，其中本地珠寶生產值由1990年68億8,120萬港元急跌至1999年3億3,800百萬港元；同時轉口額卻自1990年代初起急劇上升，1991年轉口額為18億3,090萬港元，至1995年已上升超過五倍至103億9,150

萬港元。踏入21世紀，受益於中國入世和CEPA，本地珠寶商在內地的生產線進一步擴大，本地生產額進一步萎縮。然而，珠寶製造活動雖然北移，但高附加值工序及珠寶設計工作，依然在香港進行。

近20年來，香港珠寶業已發展出成熟的前店後廠模式，大部分生產工序設於內地，但行政、物流及銷售等部門卻留在本地。根據2016年的數據，香港的轉口額達到約1,580億2,850萬港元；本地生產值卻只有1億2,970萬港元，顯示香港仍發揮珠寶轉口貿易中心的角色。憑藉優良寶石鑲嵌及珠寶設計技術，現時香港珠寶廠商在全球市場極具競爭力，其中中高價小型珠寶首飾尤受歡迎，一般認為僅次於意大利和日本等全球業界領先的國家。此外，香港仍然是重要的玉石首飾生產樞紐，以及黃金珍珠貿易及分銷中心。

個案研究 | 一

零售商變身
珠寶鐘錶品牌

太子珠寶鐘錶

珠寶鐘錶零售商
以什麼策略吸引顧客？

從零售走向
創立品牌的道路
怎樣走？

太子珠寶鐘錶由鄧鉅明（Jimmy）於 1984 年在香港所創立，至今成立 35 周年，已經成為了本港三大鐘錶零售商之一。太子珠寶鐘錶一直以銷售業務為主，建立了其獨特的營商智慧，並且在近十年推動變革，藉著收購和合作關係，豐富店舖產品的種類，推出自家品牌的產品。

◉｜掌握「自由行」消費者的習慣與心理
　　發展鐘錶首飾零售業務

　　Jimmy 畢業後，由鐘錶零售店的底層做起，曾做過抹玻璃、向客人推廣產品等「落地」的工作，在累積了行業工作經驗後，開始經營一家鐘錶小店，並於1984年正式創立太子珠寶鐘錶，首間店舖位於尖沙咀漢口道的漢口中心，主要銷售手錶品牌，但亦有一些珠寶產品。努力多年後，太子珠寶鐘錶在2000年開始不斷擴張業務，將其分店網絡擴散到全港。Jimmy回憶這變化其實也是回應著市場的走勢：「在1980年代，香港的零售顧客以日本遊客為主，但日本經濟不穩之後，客人轉為臺灣人和歐洲人，歐美的客戶雖然消費能力高，但是人流數量並不是特別大。1997年前後，東南亞和香港本地客人短暫成為了主流，不過在2008年後便被內地客源所取代。」

　　2008至2014年間是鐘錶首飾零售的高峰時期，自由行帶動內地客來港，他們對於手錶的需求極高，讓本港鐘錶首飾的零售生意發展如日中天。當時金融海嘯對各國和各行業都造成了重大打擊，但內地人傳統儲蓄和節儉習慣，讓他們的財富並沒受世界經濟氣候太大影響，維持有高度的消費能力，從而對包括太子珠寶鐘錶在內的零售店帶來了龐大的商機。

　　Jimmy把握這個時機，在2003年「自由行」推行的那一年開始積極開設分店。然而，Jimmy認為企業發展不光投錢便足夠，還必須具策略地執行，而零售店的關鍵核心就是位置，沒有任何因素比位置便利更加重要，因為主打遊客的零售生意必須配合遊客的消費習慣，就是「行到那，買到那」。因此十年間太子珠寶鐘錶開設的分店都集中在尖沙咀和銅鑼灣兩個遊客熱點，分布在尖沙咀的廣東道、北京道、漢口道、海防道、彌敦道及銅鑼灣羅素街、啟超道，即是差不多一個街口的轉角便有一間分店，覆蓋著整個遊客區。地理因素以外，產品價錢是另一個需要巧妙調節的關鍵。內地客人鮮有反覆格價的習慣，反而慣常地有一種「攢旅費」的觀念，如果一隻手錶品牌的產品在香港的定價低於內地的定價，那麼內地消費者便會覺得當中的差價是他們額外賺回來的旅費。因此在標價的時候，如果一個牌子在內地以十萬港元出售，那麼太子在香港的店舖便可能要把價錢定在七萬港元的水平，這樣產品往往很快賣出。在Jimmy的策略布局下，太子珠寶鐘錶在這十年間迅速成長。

太子珠寶鐘錶看準自由行遊客「行到那，買到那」的消費心態，集中在遊客熱點開設分店。

1984

鄧鉅明（Jimmy）在尖沙咀漢口中心開設太子珠寶鐘錶第一間店舖

2003

自由行旅客開始帶動本地零售市場，開始在尖沙咀及銅鑼灣等核心地帶開設分店。

2011

開始在內地開設分店，並從鎮科集團收購時尚女性金飾品牌「鎮金店」。

2012

與立奧雄獅鑽石公司合作研發出「牡丹花 88 瓣切割法」及推出「Peonia Diamond 彼愛麗鑽石」品牌

2013

開始把本港分店網絡擴散到新界區的重點商場

此外，當其他的珠寶首飾繼續專注在發展香港市場的時候，Jimmy 卻改為投資在內地開店，2011 年在上海南京西路開設了內地首間專賣店，2012 年在廣州天河區太古匯開分店，2013 年再在北京 apm 開分店。那個時候自由行仍然非常暢旺，對於這個不尋常的策略性部署，Jimmy 指出：「其實很簡單，這個策略是為了將更多內地的客人吸引來香港消費。」他發現內地客戶十分著重口碑，對於他們本身熟悉或朋友介紹的店舖，其消費意欲會大大地提高。因此，內地的分店其實是作為香港總店的先鋒部隊，提高太子珠寶鐘錶在內地的曝光率，建立消費者對他們集團的認識和信心，讓他們來到香港旅行時，會優先選擇太子珠寶鐘錶的門店消費。此外，太子珠寶鐘錶贊助了無綫電視的「瞬間看地球」環球天氣預報節目，在內地發揮了廣泛宣傳的效果。

◉ ｜ 透過收購豐富集團的產品種類和深度

由創業至 2010 年，太子珠寶鐘錶都是以零售生意作為主要業務，而且以鐘錶生意為大宗，珠寶首飾所佔比重相對較小，然而，鐘錶並非旅客唯一需求產品，金飾、鑽飾等都廣為自由行旅客追捧。此外 Jimmy 亦察覺到零售市場也是一直在進步，並不只是鬥平搶生意，而是出現了很多良性競爭，追求更完善的銷售服務及產品質量。在這趨勢之中，太子珠寶鐘錶在 2011 年從鎮科集團收購了著名品牌「鎮金店」（Just Gold），將其商標、存貨和員工都收歸旗下，進軍時尚女性金飾的市場。

鎮金店在 1991 年創立於香港，是一個屬於香港本地的品牌，定位為將傳統的足金首飾變成可以日常佩戴的潮流飾物，創作出既時尚，又保值的純金首飾，塑造品牌為「真女人」的形象象徵。鎮金店過往曾以不同方法去演繹和改造金飾，例如在 1995 年首創與迪士尼和華納兄弟推出卡通金飾，像翠兒等可愛的卡通造型，其後再推出各種受歡迎的人物和飾物，如曾推出過與 Hello Kitty 聯乘的純金陀飛輪腕錶，以卡通人物作為時代「真女人」內心真正年輕的展現，得到消費者的長期支持。除了別出心裁的款式，鎮金店也是

「牡丹花 88 瓣切割法」採用獨特的角度和比例，令鑽石有極佳的光學對稱和極大的光學直徑，達致全反射的效果，給予了鑽石無可比擬的的閃亮度。

「牡丹花 88 瓣切割法」，可以將鑽石切割出 88 個切面，相比傳統圓鑽切割法 57 個切面多出了 31 個切面。如果把鑽石放在放大鏡下細看，更可以看到一朵盛放的牡丹花圖案，Peonia Diamond 彼愛麗鑽石亦因而得名。

一個手工精細的品牌，曾推出過「秋葉」系列，設計師在每片金葉上雕刻出細密的葉脈，以此呈現純金柔軟的可塑性，這個作品獲得了由香港珠石玉器金銀首飾業商會頒發「足金首飾設計比賽」的最受歡迎組獎項。此外，鎮金店引入了國際珠寶品牌的品質管理程序，以確保整個結構沒有瑕疵。而為了令品牌的首飾顯得更有時代感及獨特的氣質，鎮金店利用摩登技術去處理純金的原材料，讓金飾可以展現輕盈的視覺效果，大有別於傳統金手鐲、金手鏈的笨重感覺，並且將不同物料與金飾混合，搭配人造水晶、天然石（如孔雀石、青金石、藍金砂石、瑪瑙和珍珠等），令金飾的顏色與材質顯得更有層次感，整件飾物亦會顯得更有品味。由於黃金較柔軟，鑲嵌異材質的工序則有一定難度，鎮金店聘請及培訓了一批資深工匠，利用精湛的技術把寶石鑲嵌於純金上，並因應首飾設計應用不同的手藝，如勾光工藝、光沙對比等。例如上述的「秋葉」便在金葉旁配襯了閃亮的人造水晶片，體驗出鎮金店品牌的卓越工藝，以及對首飾品質的完美追求。

太子珠寶鐘錶正正看中了鎮金店產品的款式、異材質的純金設計，以及產品的手工品質水平，在2011年作出收購的決定。在零售市場的角度來看，購買手錶的男女客戶比例通常是八二之比，而珠寶首飾則剛好反過來呈二八之比，加上內地消費者特別喜愛金器，因此這個收購的決定幫助太子珠寶鐘錶吸納了一批年輕女性的客戶群，鎮金店的產品亦成為了太子珠寶鐘錶店中第一項自家產品。在收購完成後，太子集團保持了其銅鑼灣崇光百貨的專櫃，並加開了上水和大埔的兩間分店，現時鎮金店共有五間香港、34間臺灣和廣州的專門店。

在收購鎮金店之後，太子珠寶鐘錶並沒有停下發展獨家品牌的步伐。2012年，Jimmy的夫人鄧宣宏雁（Emily）亦加入集團出任副主席及執行董事，並管理市場推廣部等部門，為集團推動自己的品牌作準備；同年，太子珠寶鐘錶獨家代理美國高級珠寶品牌Peonia Diamond彼愛麗鑽石。

Peonia Diamond彼愛麗鑽石是太子珠寶與全球第四大鑽石供應商立奧雄獅鑽石公司（Leo Schachter Diamonds）所共同研發出來，Jimmy與Emily在一個遇然的機會中在美國認識了立奧雄獅，他們一直為太子珠寶鐘錶提供鑽石產品，雙方透過這次合作進一步加強了關係，以及研發出獨特的鑽石產品。Peonia Diamond彼愛麗鑽石的產品核心是來自獨特的「牡丹花88瓣切割法」，可以將鑽石切割出88個切面，相比傳統圓鑽切割法57個切面多出了31個切面，而切割採用了獨特的角度和比例，賦予鑽石極佳的光學對稱和極大的光學直徑，達致全反射的光學表現，折射出更靈動炫目的閃亮度，大大增加鑽石的光線折射率。因此，在這個切割法下誕生的Peonia Diamond彼愛麗鑽石擁有無可比擬的閃亮度。除此之外，鑽石處理技術的最高難度可以體現在呈現深藏的圖案，卻又無損其光線的折射，如果把鑽石放在放大鏡下細看，不論底面都可以看到一朵盛放的牡丹花圖案，亦因而得Peonia Diamond彼愛麗鑽石的名稱。因為這個獨特的工藝，Peonia Diamond彼愛麗鑽石的切割比傳統圓鑽切割需要多五倍的時間，珠寶切割師的訓練需要多八倍的時間，但其獨具匠心設計和工藝，為產品營造了雅逸脫俗的感覺。

Peonia Diamond 彼愛麗鑽石的「Poem 韻系列」孔雀石鑽飾。

Peonia Diamond彼愛麗鑽石設計了多個產品系列，當中包括頸鏈、耳環、手鐲、戒指等，有一些比較簡約的系列如「經典」系列和「花約」系列，以比較純粹的方式去呈現鑽石；另有「星光」系列及「綽華」系列等，展現了更多設計師意念的產品。「星光」系列的靈感來自Peonia Diamond彼愛麗鑽石獨特的光芒，設計師將不同大小的藍寶石和白鑽有序地排列，在頸鏈與手鏈上展現出星河的效果，讓佩戴的女士宛如戴上了閃耀的繁星；而「綽華」系列的靈感則來自白居易詩句中的「綽約多仙子」，綽華中的華字解作花，亦有華麗的意思，設計師以此打造了呈現花形的18K白色黃金鑽石吊墜系列。現時Peonia

Diamond彼愛麗鑽石的產品在太子珠寶鐘錶及鎮金店的全線分店中售賣，成功啟發了太子集團研發及推出獨家珠寶產品。

太子珠寶鐘錶現在全港的分店已增至17間，除了港九的核心地帶，還把分店網絡推展至新界區的重點商場，例如上水廣場、屯門V City及元朗YOHO等等。這個案例反映了香港珠寶首飾商經營零售業務的智慧，以及由零售走向經營獨家品牌產品的成功例子。

TAKEAWAY

針對消費者的心理，調整零售業務策略

太子珠寶鐘錶創業之初只經營零售業務，適逢2003年後開放「自由行」旅客來港，再配合之後「一簽多行」的政策，內地旅客成為鐘錶首飾店的主要客源，因此Jimmy乘機開設分店，並以其獨到的策略執行業務。

Jimmy指出遊客消費的習慣就是「行到那，買到那」，所以一定要旅客旅遊的必經道路上開設分店，位置與便利是零售業成功的最重要因素。自2003年起，十年內先後在尖沙咀和銅鑼灣及新界等多個旅客熱點開設了多間分店。然後，Jimmy亦把握了內地消費者著重口碑的消費習慣，2011年起在上海、廣州及北京等地設立內地的門店，提高太子珠寶鐘錶在內地的曝光率，提高旅客來港旅行時到太子珠寶鐘錶店舖消費的意欲。

收購金飾品牌，擴大產品種類和客源

太子珠寶鐘錶先前一直專注在零售業務上，並無推出自己的產品，因此自Jimmy作出了收購「鎮金店」品牌商標、員工和存貨的決定，開始讓太子集團出售獨家產品，並由手錶主導的業務，加入了更多首飾產品。

「鎮金店」是一間以設計及生產時尚女性金飾為主的品牌，該品牌的意念打造出屬於時尚「真女人」的非傳統金飾產品，開業時推出了卡通人物的首飾，與消費者的「少女心」產生共鳴，亦在混合配搭不同材質與手工技巧上下了很多功夫，是一個深受女性喜愛的品牌，為太子珠寶鐘錶吸引了更多的女性客戶。

與珠寶商合作研發鑽石切割技術及推出獨家品牌

Jimmy與其有合作關係的立奧雄獅鑽石公司合作研發出以「牡丹花88瓣切割法」製作的Peonia Diamond彼愛麗鑽石，並以此為基礎推出太子集團自行設計與生產的「Peonia Diamond彼愛麗鑽石」系列，是太子集團正式推出的第一個珠寶品牌。

太子集團透過與經驗、技術及人才豐富的立奧雄獅鑽石公司合作，以獨創的比例與角度切割鑽石，令鑽石擁有88個反光面及接近完美的光學對稱，使Peonia Diamond彼愛麗鑽石擁有獨特的閃爍亮光。設計師再以Peonia Diamond彼愛麗鑽石設計出多個系列的產品，在太子珠寶鐘錶及鎮金店的門市出售，令太子集團由單純的零售商升級為珠寶品牌設計及生產商。

CASE STUDY 02

個案研究 | 二

由珠寶素人變成國際名星

古珀行

怎樣投身到陌生的行業中

並帶動變革?

如何包裝品牌

去引起國際關注?

沈運龍（Aaron）是一名傳奇人物，素有「中東王子」的稱號，21 歲之齡便隻身前往沙特阿拉伯工作，兩年後在當地開始其禮品批發和零售的生意，並在 1985 年分散投資成立了古珀行珠寶，經歷 30 多年的拼搏，公司由最初一家寂寂無聞的珠寶工房，蛻變成香港第一間進駐巴塞爾國際一號展館的知名品牌。

◎ ｜ 以素人身份進入珠寶行業

　　Aaron於1980年開始在中東經營禮品生意，他從香港搜羅一些刺繡、象牙、首飾等工藝品，放在朋友家中在開派對的時候出售，沒想到竟然大受歡迎，甚至被百貨公司邀請去舉辦小型展覽會，發現華人社會的產品十分適合中東的市場，於是他全力投入禮品業務，從香港與內地引進不同產品到中東，更有一些客人主動要求Aaron為他們訂購絲棉襖之類的產品。然而，在生意蒸蒸日上之際，發生了一次有驚無險的意外，Aaron當時出售的功夫鞋鞋底疑似有侮辱真主阿拉的花紋，他差點就被處以斬首極刑，最後幸好發現是誤會而化解。但Aaron意識到不能「把所有雞蛋都放在同一個籃子裡」，需要分散投資，以減低業務風險。在中東的時候他已經接觸一些珠寶的生意，部分中東人要求Aaron為他們在香港搜購珠寶、戒指和吊墜等，久而久之Aaron決定自行生產珠寶，於是他在1985年回到香港成立了古珀行珠寶，開始了一些簡單的珠寶首飾生意，決心在禮品業務作雙線發展。

　　那時Aaron在尖沙咀諾士佛臺以88萬港元購入了一個1,700呎舖位，並且聘請了五名師傅，設立了簡單的珠寶工場。Aaron雖然有珠寶貿易的經驗，卻未從事過珠寶生產，被問到入行的秘訣，他也只用了一句來總結：「就一路做一路學。」由原料採購、加工工序到珠寶貿易展覽會逐個環節，從實戰中學習。1980年代，有很多印度人聚居在尖沙咀買賣鑽石，正好鄰近諾士佛臺的工房，於是Aaron親自去到印度人的聚集地採購原料，過程中學習挑選鑽石的方法。初期古珀行做的產品十分簡單，主要是鑽石、紅寶石或藍寶石的耳環和戒飾產品，也沒有任何機器輔助生產，由五名師傅打造戒指的戒圈，再以手工鑲上鑽石和寶石，然後便將產品帶到貿易發展局的展覽會上接觸客戶，古珀行參加了紐約、洛杉磯和日本的幾場展覽會後，便已旋即得到新加坡及澳洲等地的珠寶零售商下訂單。簡單工場每個月的產量大概只有2、300件，所以當有較大型的訂單來到時，這個產量便不敷應付。而且，諾士佛臺的大廈供電系統並不能夠穩定地維持大型機器需要的三相電，所以古珀行在1989年遷到紅磡維港中心，同年在順德開設了珠寶加工廠，是繼周大福之

TIMELINE

1980

沈運龍（Aaron）開展中東禮品批發零售業務

1985

在香港成立古珀行珠寶有限公司，於尖沙咀諾士佛臺設立珠寶工場。

1989

把生產基地遷到紅磡維港中心，並在順德設立廠房。

1997

全面專注珠寶業務

2003

創立冠玲瓏品牌，三年後獲得外觀及結構設計專利權。

2015

冠玲瓏成功進駐巴塞爾珠寶展「國際一號品牌展覽館」

後，本港第二間在順德開設廠房的珠寶商。隨著產能增加，Aaron接觸到越來越多歐洲和美國的批發商，每個款式的珠寶輕易生產以百件計算的數量，Aaron亦學習了倒模的工序，他在訪問中完整地憶述當時珠寶生產的方法：「要先在銀板上用橡膠壓一個模，然後用手術刀把橡膠挑出來，在空心的地方注入蠟，這時的蠟已經呈戒指的形狀，接著以石膏包覆著蠟心，在焗爐中以熱力將蠟蒸發，便可以得到空心的石膏，此時注入液體金屬，便能夠把戒指鑄造出來。」憑著廠房的生產能力，以及Aaron和團隊學習到的生產技術，古珀行的珠寶生意節節上升，但至1990年代初，Aaron仍是以禮品業務作為其主線，而珠寶生意也只是以批發業務為主，並未有創立獨家品牌的構思。直到1990年代末經歷的兩件事件，才讓古珀行決意作出改革。

◎ | 認知品牌重要性　創立冠玲瓏Coronet

1990年代中，Aaron在沙特已有八家禮品零售店，可是他的生意和公司資產被其擔保人以各種手段所吞噬。事後他東山再起，轉戰杜拜由零開始，以「Lifestyle」為品牌開設新的禮品商舖，規模迅速增長，高峰時期有30多間分店，可是當地的大型財團盜用了他們的商標名字，並以更大規模的形式經營，Aaron沒有能力與其抗爭，辛勞的成果再次被投機者豪奪。這件事令Aaron開始意識到擁有自己獨家產品的重要性，

冠玲瓏品牌的廣告遠達海外市場。

冠玲瓏 Coronet 產品的
「六圍一設計」標誌

他亦在2000年結束禮品生意,全力投入到珠寶業務當中,至今已是擁有30多家連鎖專門店的知名品牌。

當他專注在珠寶業務時,便發現到香港珠寶行業的一個重大的弊病:「香港雖然有周大福、周生生、謝瑞麟和六福珠寶這些知名珠寶連鎖店,可是本港只有名店,而沒有名牌。走進珠寶店中,你根本不知道哪些產品是由哪間公司打造出來的,所以我決定要去打破這一個現況,開創香港珠寶業的新局面。」由此,Aaron開始思考珠寶設計方面的問題,時尚衣服品牌可以將名字縫在衣服上,手錶牌子可以把名字刻在錶面上,但是戒指、耳環這些珠寶沒有擺放公司名字或商標的位置,因此Aaron得出了一個結論,必須做深入民心的設計,令消費者望一眼而知其名的產品。他嘗試把三粒鑽石組合成一個心形的設計,結果紅極一時,受到眾多時尚消費雜誌追訪,但Aaron表示他那時候還沒有去申請專利權的意識,結果再次有很多珠寶商盜取了這個心型的組合設計,古珀行的原設計身份也漸漸被市場所遺忘。經歷這兩次失敗的經歷後,Aaron終於決定要研發古珀行的獨家技術,並且要以知識產權來保障企業的辛勞所得,創立屬於古珀行獨有的品牌——「冠玲瓏Coronet」。

2003年,古珀行成功研發出一項鑽石鑲嵌技術,並創立了古珀行的鎮店之寶「冠玲瓏Coronet」品牌。冠玲瓏產品的標誌為其「六圍一設計」,即是以六顆細鑽石包圍著中間的大鑽石,達致無爪凌空懸浮的外觀,並獲得世界專利。在這個技術之下誕生的冠玲瓏鑽石擁有399個反光面,相比普通鑽石的57個反光面多了六倍,因此能夠造成「升卡」的效果。Aaron解釋:「普通一卡鑽石在市場上的售價差不多五萬港元,但這個技術能利用0.3卡碎鑽石營造出一卡鑽石的外觀效果,而且價錢要便宜很多。體積大而火數高的鑽飾是很多女士的心頭好,可是天文數字的價錢卻會令她們卻步,我們的產品便解決了這個煩惱,十分之一的價錢便能買到卡裝鑽石的質感和火彩,得到很多女性客戶的追捧。

　　Aaron點出了他的見解和策略：「我們一家中小企業要在珠寶界引人注目實屬不易，所以用獨家技術為產品增值和專利保護都只是第一步，我們的產品一定要有故事，要做出有震撼力的事情去建構我們的品牌形象，才可以在展覽會場數千個攤位之中脫穎而出。」

　　爭取在巴塞爾國際展中的亮相地位是Aaron其中一個主要的努力方向，古珀行在20多年前已經參展，在2012年已脫離「香港館」進入「國際二號館」，再經過三年的努力後，2015年終於如願憑冠玲瓏出色的設計和市場表現被選入「國際一號品牌館」展出，經過了多番努力和投入後，成功與Dior、Hermes、Patek Philippe 等傳統國際珠寶鐘錶名牌同場並列展出，是全亞洲第二個登陸一號主館的珠寶品牌。在此之後，Aaron繼續作出更多創舉，朝著創造健力士世界紀錄這個石破天驚的方向前進。同年，Aaron與本地著名音樂人雷頌德手造了一支鑲有400克拉的鑽石結他，價值200萬美元；翌年再進

鑲有 400 克拉的鑽石結他，價值 200 萬美元，獲頒健力士「最有價值結他」證書。

與美國著名樂手 Jermaine Jackson
合作設計的 Fender 低音結他，鑲
有 16,033 顆 Swarovski 寶石，獲頒
健力士「鑲嵌最多寶石結他」證書。

一步與美國著名樂手Jermaine Jackson製作了一支鑲有16,033顆Swarovski 寶石的Fender低音結他，這兩個作品分別獲得了健力士世界紀錄頒發「最有價值結他」和「鑲嵌最多寶石結他」的證書殊榮。之後 The Jackson 5樂團慶祝成立50周年時，還邀請了冠玲瓏為其打造家族紀念戒指，古珀行及後不斷挑戰與鑽石產品相關的產品設計，亦開展了品牌健力士世界紀錄挑戰之路，所製造的話題紅極一時。

2019年11月，隨著Aaron旗下品牌於上海進口博覽會拿下第十個健力士世界紀錄——「鑲嵌最多鑽石的馬桶」，品牌的國際知名度再次提升。Aaron甚至在香港打造了一個博物館——The Amazing Gallery & Museum，作為展出其健力士得獎作品和產品銷售的多功能中心。

古珀行以震撼性的品牌建構方式去推動冠玲瓏Coronet品牌，令消費者和國際珠寶業界對冠玲瓏留下了深刻的印象，吸引忠誠的粉絲持續去追隨品牌產品。但Aaron卻又反將自己一軍：「雖然品牌形象未必會令你做多好多生意，但曝光率高會令人覺得你的產品穩陣，可以放心購買，之後仍然需要企業的平衡發展。」對於Aaron來說，製造更多價錢親民的「奢侈品」是品牌的長遠目標，在品牌未來發展的路線上，他希望除了珠寶以外，推出更多生

活化的產品，現在他們已經設計了一系列鑲有鑽石的太陽眼鏡、手袋和手機殼等產品，讓消費者能以較合理的價錢購入，利用多元化、生活化的奢侈品去展示他們的時尚品味。

　　總結而言，古珀行是一個白手興家的勵志故事，Aaron透過中東禮品業務和早期珠寶生意的經驗累積營商智慧，最終藉出色的設計及品牌發展策略，讓冠玲瓏成為了在國際市場上閃閃發亮的品牌，讓公司走上了邁向成功的道路。

TAKEAWAY

以實戰經驗累積營商和生產智慧

　　Aaron在中東有多年經營禮品貿易的生意，可是卻未曾有珠寶生產的經驗，所以在創立古珀行的初期，凡事親力親為，學習珠寶製造的竅門，並且從經驗中觀察到行業及自身不足的地方，作為企業前進的方向。

　　Aaron親身前往尖沙咀從印度商人手中挑選和購買鑽石、寶石原材料，學習手工打造戒指和以機器製模的方法，訓練自己從行業素人變成老行尊；並且從經驗中發現香港珠寶市場只有名店、沒有名牌，而自己過往不曉得以知識產權保障創業，蒙受了很多損失，從而奠定了發展獨家珠寶品牌的方向。

突破珠寶鑲嵌切割技術，成就獨家品牌

　　古珀行的團隊以珠寶增值作為創立品牌的策略，鑽研不同的鑽石鑲嵌切割技術，最終成功研發並製作出獨特而有魅力的產品，奠定品牌成功發展的基礎。

　　冠玲瓏的特色體現在獨特的「六圍一」設計上（即以六顆小鑽石圍繞中間的大鑽石），突破了以往設計的限制，成功發明了無爪懸浮的技術，以巧妙的割痕和白金焊接方法呈現作品，獲得了外觀及結構設計專利權。這使冠玲瓏產品擁有「升卡」的特殊效果，就算是0.3卡的碎鑽也可以展現出一卡鑽石的光彩美感。

利用震撼性的手法讓品牌在國際市場中留名

　　古珀行作為香港一個新晉的中小型珠寶品牌，本身難以吸引國際社會注目，Aaron認為品牌需要有故事及震撼性的創舉，方能夠令消費者對品牌產生深刻的印象，但震撼之餘，仍要用生活化的產品維繫品牌的均衡發展。

　　Aaron多次利用珠寶去挑戰健力士世界紀錄，如與本港音樂人雷頌德合作推出鑲嵌400卡鑽石的結他，獲得了「最有價值結他」證書；又與荷里活巨星Jermaine Jackson推出了用上16,033顆Swarovski寶石的低音結他，獲得了「鑲嵌最多寶石結他」證書；此外又與中國PRSR合作打造最多鑽石的太陽眼鏡、與美國可口可樂聯手創造最多鑽石的可樂瓶手袋等等。但Aaron指出品牌形象並不旨在為公司製造最多利潤，而是對消費者的信心保證，奢侈品品牌要繼續前進，還表示日後會陸續有更多生活化的鑽石產品面世，如手袋、手機殼和太陽眼鏡等。

CASE STUDY 03

個案研究 ｜三

中華珠寶品牌

Qeelin

一位香港產品設計師
如何創造出
高級珠寶品牌？
怎樣從設計的
角度打造品牌？

高級珠寶品牌 Qeelin 創辦人及創意總監陳瑞麟（Dennis）在香港理工大學修讀產品設計時，認識了一批來香港的國外設計師，其中包括有「工業設計界教文」之稱的 Ken Shimasaki，後來獲得獎學金前往英國從事工業設計為主的工作。後來在 Shimasaki 的強烈邀請下，回港加入了其設計公司。

1989年，一直希望打造自家品牌的Dennis離開Shimasaki，開辦了自己的設計公司Longford，與太太May創立了兩個原創品牌，一個是Timestone，另一個是Livinggear，都是以鐘錶出口為主，是當時第一批香港人設計的產品。從1989至2000年，他們的生意都非常好，獲得很多國際獎項，但漸漸浮現了一個問題，就是他們的設計很容易被人抄襲，這令Dennis意識到原來設計一定要建立品牌才能長久。

◎ ｜ Qeelin高級珠寶品牌的誕生

1997年香港回歸後，Dennis第一次去敦煌旅遊，欣賞唐代保存至今的壁畫時，他被畫中的藝術元素和中國文化深深震撼。Dennis覺得需要有人將中國文化用現代的手法表達給世界，將這些傳統的藝術現代化和當代化。於是他以傳統的符號意象作為靈感，將先賢的藝術元素現代化，醞釀了

敦煌是東西方文化交流的驛站，為古代絲綢之路的必經之地，莫高窟壁畫中豐沛的歷史文化遺產令 Dennis 深深震撼。

TIMELINE

1997–2003

陳瑞麟（Dennis）在敦煌莫高窟旅行時，受傳統藝術文化啟發，用七年時間籌備及設計當代珠寶品牌。

2004

Qeelin 正式問世，Wulu系列登上國際舞臺，於巴黎皇宮花園及香港 IFC 商場設立精品店。

2005

於半島酒店開設香港第二家精品店。

2006

推出 Bo Bo 系列，成為Qeelin 最受歡迎的系列之一，並在日本東京開設精品店。

2007

於海港城購物中心開設香港第三家精品店。

2008

推出 Qin Qin 系列，於北京銀泰中心開設中國內地首家精品店。

2013

加入開雲集團（Kering Group）

2015

進一步拓展市場，進駐夏威夷、加州及澳門銀河等地。

2016

於香港圓方廣場及首爾開設精品店。

2018

於臺北微風南山和馬來西亞吉隆坡陽光購物中心開設精品店。

2019

在法國巴黎凡登廣場開設精品店，成為首個在此開店的中華珠寶品牌。

足足七、八年時間，做了超過1,000個設計。恰好當時玉寶錶的首席執行官Guillaume Brochard和Dennis是好朋友，他給Brochard看他的設計，令Brochard很震撼，於是Brochard辭去玉寶錶的職務，和Dennis結成合夥人，共同發展Qeelin。

2004年，Dennis和好朋友張曼玉分享他以現代風演繹中國藝術文化的夢想，張曼玉表示很有同感，她看了Dennis設計的葫蘆形首飾後覺得很好，當時Qeelin還未正式推出，於是Dennis把一款Wulu耳環的原型讓她在法國康城影展穿戴。恰好當年張曼玉獲頒影后寶座，全世界都看到她戴著葫蘆的首飾，引起時尚界的好奇和話題。影展後一周，Dennis就在巴黎開了第一次新聞發布會，並在最高尚的酒店Hotel de Crillon設立專櫃，開始銷售他設計的葫蘆形狀首飾。

他當時覺得中國特色的東西就不應該在本地發展，一定要國際化，應該去時尚之都巴黎，因此麒麟的第一家和第二家店都開在巴黎。但他發現香港所有的珠寶店當時都在抄這個葫蘆的設計，他覺得很不公平，正好香港國際金融中心（IFC）開幕，於是他決定在IFC開香港第一家店。如今麒麟珠寶的牌子已經遍布北美、加拿大、韓國、泰國、馬來西亞、烏魯木齊、海南島等都有開店，當中90%以上是獨立專賣店，其餘是櫃檯，主要開設在各大城市的一線商場、機場、免稅店等場所。

◉ | 別出心裁的產品設計

Qeelin快速享譽全球不是偶然，乃源自於品牌的產品設計、形象設計和顧客交流三方面。

產品設計上除了運用中國傳統元素，Dennis還加入了很

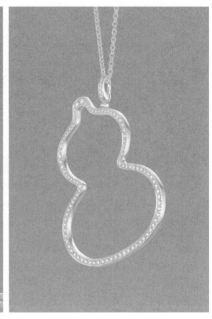

Qeelin 植根中國文化，圖中為經典的「Wulu」產品系列。wulu 作為 Qeelin 首個設計系列，諧音「福祿」的 Wulu 象徵著無限正能量，作為時尚護身符，為每個佩戴者召喚幸運與財富。

多別出心裁的設計。譬如LING LONG 系列的靈感源於珠寶不是只能看的，也可以聽，所以他把鑽石放到白金鈴鐺裡面，絕妙而詩意。為了配合設計往往還需要發明新的技術，例如BAO PING系列，在中國傳統藝術中是保平安的意思，Dennis將寶瓶設計成了萬花筒，有幾顆鑽石在裡面轉，其工藝的複雜難為了工匠。Qeelin有著獨特的鑲嵌方法，產品也有很多機關，對工業設計出身的Dennis而言很簡單，但對珠寶工匠來說都是挑戰。

其實Dennis以往的設計都是比較顛覆傳統的，不論是在理工大學的畢業論文做中式宴會系統，還是後來用石灰石來做鐘錶，「我覺得珠寶也需要有些變化，中國傳統已經很厚重了」，為了適當減少這種厚重感，Dennis不斷加入趣味性的活潑設計，取得一種平衡。他說他天生就知道設計出來是否受歡迎，畫出來後95%都不用改了。

◎ | 精心打造品牌形象

Dennis的初心一直是想創造一個國際品牌，而「購物」是他其中一個學習如何打造品牌的途徑。「買多了就意識到原來買東西其實是買故事和服務，每個品牌都有獨特的故事，非常吸引人。」Dennis表示工藝並不是他們主

為慶祝品牌成立 15 周年這輝煌里程，Qeelin 於 2019 年 10 月在北京 SKP 舉行了名為「源·創」的珠寶展。

要標榜的部分，因為工藝是最基本的，很多時候人們是熱衷一個故事而不是產品，當然產品本身一定也要出色。他認為做品牌有點像宗教，店面就是給人朝聖的廟，裡面的氣氛、顏色、觸感、音樂、香薰、制服都是他親自設計的。現在分店多了，他不能去到每家店把關，交由團隊去做，並且訓練每家店的店員怎麼講解，保證每家店都是一樣的服務。

Qeelin是設計驅動型的公司，因為Dennis本身從事設計，所以在他看來其實品牌及店舖的每個層面都跟設計有關。Qeelin是大家商討出來的名字，logo 是知名香港設計師陳幼堅（Alan Chan）設計，店面出自設計師梁志天之手，一直到現在也是，雖然店舖更新換代過好幾次，但顏色和基調都感覺沒有變。把關店內的各種布置是Dennis每日的工作，包括商品展示設計用的燈光、字的大小、發出去的邀請函等。Dennis說商品展示設計表達出的資訊一定要強烈，看 logo 就能知道是什麼品牌，表示已經成功一半。

Dennis一再強調與顧客交流的重要性，發布的新聞、發出的資訊、說話的風格都要和品牌匹配。Qeelin一直嘗試用不同的方法交流，例如找不同與品牌形象匹配的明星去代言產品等，而且幸運的是一直有各國明星自願購買和佩戴Qeelin的飾物，為Qeelin帶來品牌宣傳。

◉ | **維持品牌精神**

品牌建立後，維持品牌同樣需要留意每一個細節，店舖的形象、店員的態度、產品設計的工藝創新和價錢定位都是關鍵的問題。Dennis說現在辦公司像辦電視臺，做很多社交媒體，不停地拍照、拍視頻。視頻不一定是公司內部團隊製作，但指導一定是自己做，由品牌自己設計，因為他認為一定要用心，才能製造驚喜給客人。

以熊貓為意念，象徵和平的「Bobo」產品系列。

他強調要把零售、生產、市場推廣等每一個細節都做好，但最重要的是保持品牌特色，「可以加一些好玩的元素，但品牌特色不可以變，就像 Gucci 的設計顛覆了從前，但品牌形象還在那裡。」Dennis也說「現在每個牌子都有好大的轉變，不能墨守成規，需要洞悉潮流，有前瞻性，其實很難。」因此Qeelin有投入很多去研究品牌的核心價值，研究出一本Qeelin獨有的「聖經」，當找人拍

片時就把這本資料集給對方先讀。Dennis認為如果要維持一個品牌，像是幾大珠寶牌子已經幾百年了，一定不是完全延續最原始的那個方向，但是每一代都要有自己的神髓。

◉ | 邁向更廣闊的國際平臺

　　2012年底，國際奢侈品翹楚開雲集團入股Qeelin。Dennis認為如果想走進一個國際圈子需要有專業技能（know how）。這種專業技能可以自己慢慢學習，透過上市集資把企業的規模擴大，也可以和某個集團合作，善用對方的專業技能。他和很多集團成員談過之後，都覺得開雲集團比較適合Qeelin，因為開雲旗下的牌子不全是大品牌（mega brand），也有Qeelin這樣規模的小型品牌。加入集團後，Qeelin進一步擴張了店舖網絡，也獲得開雲集團這個平臺的各種資訊，Dennis依然全權負責產品設計和品牌形象。相信借助開雲這艘大船，Qeelin將駛向更廣闊的明天。

TAKEAWAY

獨特的產品設計

　　Qeelin有很多別出心裁的設計，融合了中國傳統文化及當代美學，帶有故事性，與Dennis本人卓越的設計才能密不可分。

　　譬如 Wulu 是 Qeelin 最經典的系列之一，利用葫蘆線條和曲線作為設計意念，外形獨特。葫蘆除了在諸多中國神話中經常帶有神奇的魔力，其線條也宛若刻劃出阿拉伯數目字「8」，帶有美好祝福的寓意。

全方位打造品牌形象

　　Dennis作為設計師和創始人，從設計的角度精心打造Qeelin品牌的方方面面。

　　品牌名稱、logo、店面設計、燈光、顏色、觸感、音樂、香薰、制服、交流講解等等，都要做到與品牌形象的完美匹配。Qeelin還投入很多去研究品牌的核心價值，整理成資料，用於指導有關品牌形象的工作。

借力發展

　　Dennis明白想走進一個國際圈子需要有專業技能（know how），他通過與開雲集團的合作，用對方的專業技能，將Qeelin帶入更加快速的發展階段。

　　加入集團後Qeelin新開了更多的店舖，也獲得開雲集團這個平臺的各種資訊，產品設計和品牌形象依然由Dennis負責。

3

香港紙品印刷

印刷業已不再拘泥於
傳統的包裝、
圖書及商業印刷業務，
他們將多年的經驗和技術，
融入到玩具、畫廊、
廣告等全新領域中，
為印刷業的未來發展
帶來更多的可能性。

香港紙品
印刷行業
簡介
INTRO-
DUCTION

印刷業是香港一項重要的工業，與其他出口工業不同，印刷業為各項工、商活動提供不可或缺的支援服務。本港的印刷業主要可分為商業印刷、書刊印刷和包裝印刷，其中以書刊印刷為大宗，佔總出口值約六成。印刷業除了印刷外，亦包括各項印前、印後的服務，對機器和人才的技術要求均十分嚴格，是一個極為倚重技術的行業。

早在香港成為英國殖民地以後不久，香港便已存在印刷活動。至20世紀上半葉，在中、上環一帶有不少小規模的印刷商舖，這些店舖多為家庭式經營的活版印刷廠，不過其印刷質量一般不及廣州、上海的同業。二戰後內地紛亂不穩的局勢驅使大量難民湧入香港，當中包括從上海和廣州這兩個印刷中心來港的技術工人，這批人才成為往後印刷業發展的重要支柱。

隨著1950年代香港經濟起飛，各行各業對印刷業的需求大增，本港的印刷廠亦越來越多。這些印刷廠大多仍以石版、活版印刷為主，而且多是為數十人、十部機器的中小型企業；但同時，一部分規模較大的印刷廠透過分期付款，引入柯式印刷機（又稱為膠印），甚至四色印刷機等當時最先進的機器，革新了香港的印刷技術。本地印刷業質量上的躍進，使香港在

1950年代末成為東南亞的印刷中心，不少英國出版商亦開始來港印製圖書。

　　1960、70年代是香港工業發展最為急速的時期，連帶對包裝印刷的需求亦急劇上升，令包裝印刷廠數量大幅加增。另一方面，外國企業眼見香港印刷業已有一定基礎，紛紛來港投資，其中日本印刷企業凸版印刷和大日本印刷率先在港設廠，主理書籍印刷，而朗文、牛津、讀者文摘等國際出版商亦在香港開設總部。這批國際出版商帶來了植字、設計、分色製版、裝訂等技術，大大提高了香港的出版印刷及管理水平，亦為香港印刷業開發更多海外市場。

　　至1980年代，香港已一躍而成僅次於日本的國際印刷品供應中心，其印刷品出口總值更由1970年9千萬港元躍升至1980年7億2,600萬港元，此數字在往後十多年更是持續上升。而由於香港的商業活動愈趨蓬勃，商業印刷的發展尤為興盛；加上，1977年港英政府取消印刷機領牌制度，移除了開設印刷廠的一大障礙，香港的印刷業更為興旺。其時香港大、小規模的印刷公司各自負責不同的業務，大公司承印書籍、小冊子、期刊，以及支票、信用卡、股票等證券類產品；小公司則承印海報、價目表、名片和邀請卡等。據說當年市道極佳，大大小小的印刷公司都是全天候運轉，卻仍無法消化所有訂單。

　　不過，香港高速發展使營運成本持續上升，特別是工資和地租暴漲。隨著1980年代內地改革開放，印刷廠逐漸將生產線北移，首先北移的是包裝印刷廠，至1990年代，一些書籍印刷廠亦遷至內地。然而，商業印刷由於牽涉機密資料，而且大多非常趕急，通常要在一兩天內完成排版至印裝等所有程序，加上利潤高，故其生產線仍然留在香港。加上，香港的印刷廠雖然北移，其總部大多仍然留在香港，故此香港的印刷品出口仍然強勁，2000年出口額達到45億7,800萬港元。

　　踏入21世紀，由於經濟環境反覆，印刷服務供不應求的盛況已不復再現，印刷廠數目亦不斷下跌。不過，香港至今仍然是全球其中一個主要印刷中心。港府對出版和言論自由的保障、港人較高的英話水平，以及香港國際化的定位，都是香港維持印刷中心地位的重要因素。此外，為了維持競爭力，本港的印刷廠商投資大量資金購置機器，特別自1990年代起個人電腦普及，印刷數碼化帶動版房革命，本港廠商相繼引入桌面出版和直接製版機等技術，將各項印前、印後工作電子化，並使用自動化工作流程，以提高準確性，同時減省時間和成本。根據統計，2018年香港共有 2,111間印刷或相關公司，共聘用 12,661人，當中不少印刷企業都已獲得 ISO 9000等認證，技術質素得到保證。不過，在一日千里的科技洪流下，本地廠商仍要不斷增值、更新技術，例如近年來 3D打印盛行，不少廠商亦已開始發展有關技術。

CASE STUDY 01

以舊養新　打印耗材
企業的可持續發展策略

天威集團

在商業印刷
日漸式微的時代，
印刷業應向
哪個方向發展？

新舊業務如何調整，
才能使公司持續發展？

天威集團由賀良梅（Arnald）在 1987 年於香港成立，是一間專注生產和研發打印耗材的企業。Arnald 是一名富前瞻性及膽識的工業家，在他的領導下，集團持續在行業的尖端推進，早在 1990 年代便已發展數碼印刷耗材，比起數碼印刷的潮流早了十多年；2000 年後成立了研發中心，近年更進佔 3D 印刷和畫廊的新領域，務求令集團在舊業務逐漸飽和的時候，能夠開拓新業務，令企業可持續發展。

◉ | 捕捉潮流，發展數碼印刷耗材

Arnald在1981年成立了天威的前身安捷洋行，最初期公司只有數人，從事辦公室文具和打印耗材的貿易，例如傳統的打字機所使用的油墨。但Arnald觀察到那個年代的商業運作開始發生轉變，辦公室內漸漸開始使用電腦和打印機來處理業務，桌面印刷的需求慢慢增加，可是當時內地的打印耗材差不多全都是由外地進口，Arnald認為這是個很大的商機，於是1988年在香港柴灣嘗試生產耗材，同年在珠海正式設廠，投身印刷耗材的製造業。

印刷耗材是印刷業中的輔助性產品，產品的需求隨著印刷機器、科技與潮流而改變，天威最初開始生產色帶，及後進而生產噴墨打印機墨盒、雷射打印機碳粉盒等，確立了供應商業印刷的耗材為公司的核心業務。然而，Arnald是一名富有前瞻性的工業家，並不跟隨潮流發展，而是趕在潮流之端，投資有潛力的新業務，所以當近年數碼印刷逐漸興起的時候，原來天威早在20年前已經開始發展數碼印刷的耗材。Arnald分享他對於行業的分析：「印刷的潮流一定是向著『短、平、快』，以及環保，這兩個方向去發展。但是否20年前已估計到數碼印刷會成為大勢所趨呢？當時一定要相信，做生意很多時候都是靠相信，這個我們叫做是工業家的直覺吧！」

Arnald由用家的角度出發，理解到數碼印刷相比傳統印刷在「短、平、快」方面有優勢，在特定的行業中會有長足的發展。紡織及時裝是其中一個最早涉足數碼印刷的行業，紡織及時裝業因應快時尚（fast fasion）的變化，需要頻密地變換服裝的花式，但傳統印刷需要做菲林、絲網等工序，單是打版的過程已經需要差不多兩個星期，而且開機生產皆有一個頗高的最低訂購量，對於時裝設計及生產甚為不便。但若利用數碼的科技和設備，設計師上午完成設計圖，下午便已經可以收到布料的樣版。近年Zara、H&M等牌子皆是透過數碼印刷來提升業務流程的效率，並且降低營運的耗損。除了上述的優勢，以瓷磚印刷為例，數碼印刷的產品圖像解像度遠遠比傳統印刷為高，並且透過電腦去指揮機器，可以做到每塊瓷磚的花式都不同，或用很多塊瓷

磚拼湊成一個大型花式。這樣的技術提供了室內設計上很大的彈性和發揮空間，可以應用在精品酒店的室內裝修上，所以Arnald觀察到數碼印刷將在小批量及對設計有要求的行業產品上大有可為。

然而，當時認識數碼印刷好處的企業其實不少，落實發展的卻不多。「傳統行業的人認為數碼打印沒有前途；以布料的傳統印刷為例，動輒做一萬至兩萬碼長的布匹，但數碼打印只做幾百碼、甚至十碼的布，傳統的人認為這個生意不能做。」在數碼印刷不被看好的環境中，Arnald卻看出環保效益的優勢將成為其重要的推動力。再以染布為例，由於每次調配的油墨顏色都不能做到完全一樣，所以通常會預備額外的染劑，以確保有足夠的染料去處理同一批布料；另外傳統印刷的油墨通常上色會比預期中多，因此要透過厚蓆沖洗或蒸，將多餘的油墨沖出來，如此便產生了額外的廢品。相反，數碼印刷的生產過程由電腦控制，調墨、上色等過程都有精準的計算，因此造成的廢料大為減少，大概只是傳統生產方法的十分之一。環保的考慮不但是出於企業社會責任，亦是與公司的增長空間直接掛鈎。Arnald解釋：「內地政府對於每個行業都有一個排污的限額，如果政府不容許你再增加排污量的話，那你的生意便不能再增長。然而，如果走向數碼化，減少了90%的排污量，那麼公司便仍可以有90%的增長空間。」Arnald預計到內地政策對於環境保護和排污限制將越來越嚴緊，為了保障更多的發展空間，推動更環保的生產程序將是製造業的大勢所趨，生產數碼印刷耗材也因此有機可乘。

迄今，數碼印刷仍然未成為一個主流，但市場的文化和習慣的確已在轉變中。在電商平臺上如Instagram、微信社交平臺等等，都有一些小店售賣時裝衣服，每個款式可能只賣十多件，賣完再加單製作另外幾十件，以往傳統大批量生產的模式已經無法照顧這種市場需要，數碼印刷的重要性將越發增加。在投資發展了20多年後，數碼打印耗材業務和傳統核心業務的營業額比例也上升了3:10，穩步發展和上揚，分開為兩個主要工場，一個主要做印刷紙耗材，另一個紙張以外媒體的耗材，主要是工業用途如布、牆紙、玻璃、瓷磚等。

CoLiDo™ Metal

天威在 2014 年所創立的 CoLiDo
3D 打印機品牌。左圖是以打印塑膠
製品為源料的 Cubic 3D Printer，
右圖則是打印金屬製品的 AMASS
Metal 3D Printer。

◉ ｜ 擴展至3D打印機器和耗材

　　對Arnald來說，企業的可持續發展規劃是天威的重要一環，現在商業印刷耗材的生意雖然十分蓬勃，但是這個業務的板塊已經接近飽和極限，銷售網絡已經涵蓋了全球120多個國家，技術上也難以再有進一步發展的空間，需要另覓新的業務。天威在1999年成立了專利部，除了與行家展開專利戰外，亦展開技術創新，在2000年成立珠海科技園，主力在打印質素和維持印刷機壽命上進行研發。集團在科技創新的歷程中，2014年是其中一個重要的里程碑。2010年以來，3D打印這個板塊逐漸為更多人認識，但是還沒有完全市場化，在很多大公司之中，3D打印也只是佔其銷售額很少百分比，沒有哪間公司能夠壟斷市場，但3D打印作為一種增材生產，其實對於很多行業來說都甚有價值，這讓Aranld發現3D打印是一個充滿潛能與機遇的市場。在這環境之中，Arnald決定進軍3D打印的市場，天威在2012年開始研發相關技術，並在2014年正式成立了3D打印品牌CoLiDo。

在策略上，天威仍然是專注在3D的打印耗材上，Arnald解釋：「我相信3D打印市場的發展軌跡會跟2D打印市場相近，打印機的業務將會在市場與技術成熟後變得無利可圖，長遠真正賺錢的是打印耗材，因為它們長賣長有。」但與過往不同，天威這次除了研發耗材，還同時推出了3D打印機，因為他們發現生產印刷機的技術門檻並不是太高，他們能夠透過打印機去推銷及售出印材，Arnald形容這個概念：「就像我們以前只賣豉油，現在我們是先賣雞，然後再賣豉油。」

市面上現時最常見的三種3D技術分別是熔融擠壓成型（FDM）、粉末材料選擇性激光燒結（SLS）和光敏樹脂選擇性固化（SLA），而天威專注在熔融層積成型技術上，可應用在生物醫學的範疇。在傷患治療上，如骨折的患者，以往只能夠以鋼板固定骨頭，等待復原過程慢慢進行，但天威其中一間合作的公司可以3D打印不鏽鋼骨頭，直接取代和模仿特定的骨頭，對患者行動的限制大大減少；另外，在醫學的展示和試驗上也有廣泛應用的空間，以往病人在照X光後，醫生只能憑2D的相片判斷骨折的嚴重程度，以及憑經驗去判斷手術中支架的設定，可是這過程往往存有誤差與誤判，3D的打印技術可將病人的X光骨架圖片打印出來，能做到接近百分之百的準確度，醫生可用X光骨架圖片跟病人及家屬更容易地溝通，並且精準地計算手術的過程。

在這基礎技術和產品之上，天威在3D打印的技術研發方面有多方面的突破，現已在內地申請超過150項專利。專利項目針對改善打印機的效能和生產表現，如天威以溫度控制和塗層技術改良3D打印機的印刷平臺，在打印的過程中將玻璃加熱至攝氏80至90度，令打印出來的成品黏緊平臺，減少震動，由此將打印過程的噪音控制在30至40分貝，比外國品牌的平均50分貝為低。曾有一間學校試用該產品，讓老師在上課時啟動打印機，結果全班學生皆沒有發覺。當打印完成後，將玻璃平臺降溫至攝氏30至40度，打印成品便可以分離出來。此外，天威亦研發新式的打印技術，集團的研發室開發了AMASS 3DMetal新一代打印技術，應用複合打印物料、提升打印速度，以求生產尺寸更大更複雜的3D金屬組，這個新技術方案已經申請了21項專利。

現在CoLiDo已推出ABS、PLA、TPU等約十款耗材，配合工業級到家用級的不同系列的打印機出售，但天威的目標並不只限於推出3D打印的產品，他們在2018年聯合珠海保稅區政府及業界啟動了珠海市「粵港澳3D列印產業創新中心」，期望建設一個整全3D打印平臺及生態鏈。該中心設有3D金屬列印實驗室、3D粉末列印實驗室、SLA列印實驗室、3D立體掃描服務中心、3D內雕列印實驗室等六大實驗室，並設有高校產業園聯盟、高端人才培養與孵化基地，以及科技成果轉化專案實施服務平臺，以此吸引投資及人才，並且嘗試建立服務方案的商業模式，針對市場需求及吸引顧客。

畫家在畫廊中展出的作品，可以用作產品設計，打印在手機殼、布袋等嶄新媒介上出售。

◉ ｜以舊養新　涉足畫廊界

　　Arnald一直強調公司一定要有新的方向，沒有新的發展公司遲早會滅亡：「做生意我喜歡以舊養新，要一間公司可持續發展，沒有新方向就沒有可持續發展。舊的業務用來賺錢，我們叫作Cash Cow，用來養住一些未來的明日之星，因為每個行業都有極限的。我們就是用這一個原則去經營一個生意。」在這個哲學之下，天威集團在創立CoLiDo之前，已在2012年建立了旗下的畫廊Artify Gallery，由Arnald的女兒賀子靈（Cherry）去打理。

　　畫廊的基本商業模式就是透過與藝術家簽訂合作協議，在畫展中拍賣旗下藝術家的作品賺取利潤，Artify首兩年也是以嘗試這種形式獨立營運，積極發掘具有潛質的藝術家，曾經與香港本地、日本、馬來西亞、新加坡與匈牙利的畫家合作，專注以攝影和現代水墨畫作品為主，在第一年便舉辦了六至七場畫展，還將旗下藝術家的作品帶到紐約、倫敦與韓國等國際城市的畫展。在畫廊發展逐漸成型的時候，Arnald反思其商業模式：「我們初初做畫廊，Artify Gallery那些畫作其實也頗難賣出去，幾萬元一幅畫，在香港的買家並不多，於是我們思考，不如將有版權的畫作印在不同的產品上出售。」這帶動了Artify在畫廊以外，成立了藝術產品品牌Artify Me，Cherry以代理模式，為旗下藝術家將作品重新設計，以日常生活用品作為媒介推出，如手機殼、絲巾、環保袋等等。例如臺灣藝術家林雅涵曾在Artify畫廊展出〈花若盛開蝴蝶自來〉的畫作，以頭髮為主軸，象徵她的情感與思緒，以細如髮絲的線條畫出花朵與蝴蝶；由於水墨與膠彩質地相近，Artify Me推出了〈花若盛開

Artify 畫廊在 2015 年與天威的 3D 打印廠房和團隊合作舉行〈印藝無限〉3D 打印展，圖為 ZeroHundred 以冷與熱的星球為主題的展區，當中的太空人及太空電單車都是以 3D 打印而成。

蝴蝶自來〉為題的兩款手機殼。此外，Cherry亦有獲取坊間流行卡通人物的授權，如《加菲貓》、《超人》、《美少女戰士》等，設計出絲巾等產品。這些產品皆要應用布料和膠殼的數碼印刷，這正正是天威的重要業務之一，天威介紹了相熟的印刷商客戶予Artify，以一個低廉的價錢進行生產。在這個層面的互動中，漸見兩個不同的業務中所產生的輔乘作用，畫廊為傳統生產提供了內容，而傳統生產為畫廊的運作帶來了更多的選擇和可能性。

　　Arnald認為發展一個藝術品的品牌是一件很神奇的事情，因為未來人工智能將取代很多生產和技術創新的工序，但是人工智能只能夠分析過往發生的事情，並沒有能力去創造一個全新意念，就算有所謂的創新，也只是將舊的事情重新包裝變出來。藝術的創意是人為與充滿化學作用的過程，無法被輕易取代，他期望Artify這個品牌可以像1980年代開發的數碼印刷墨水一樣，以20年的時間發展成一種主流。

　　2015年，那時CoLiDo品牌已經成立，Artify舉行了〈印藝無限〉3D打印展，邀請到ZeroHundred、馬子聰和莫定軒三個藝術單位，以3D打印完成藝術品，展示天威旗下的畫廊與3D打印品牌的一次經典聯乘合作。ZeroHundred以冷與熱的星球為主題，展示了一個星球城市發展的完整設計概念，其中還有一輛1:1大小的太空電單車；馬子聰設計了一道四米乘兩米的藝術牆，每塊牆磚都有細緻的花紋，並且利用3D打印材料透光的特色，從後以LED電效投射，營

在 Zero Hundred 的展區中，展示了各種機械、人物、建築物、武器和交通工具，各有不同的輪廓、造型及細節，充分表現天威團隊和機器在 3D 打印方面的能力。

造波濤洶湧的氣氛;莫定軒則以摺紙為概念,展示了摺紙馬等賽馬奔騰的形態。在創作的過程中,天威的團隊需要參與協助,如ZeroHundred雖然有3D製作的經驗,但他們的電單車因為體積太大,並不能單次打印出來,以車輪為例,生產團隊需要經過精密的計算,將其切割為四部分,分開打印,然後才整合起來成為完整的作品;而莫子軒本身在3D製作的經驗較少,所以生產團隊會在繪圖和成品材料上提供意見和協助。這次展覽與Artify Me的產品生產不同,〈印藝無限〉的作品全是由天威的3D打印廠房和團隊製作,見證到3D打印帶來了一種新的藝術創作形式,而藝術品則豐富了3D打印的業務。

總括來說,天威集團憑著打印耗材的業務已經成為了耗材界的領先集團,他們透過前瞻性的發展,在1980年代率先製造數碼打印耗材,並在2000年後積極研發產品及技術,開創了CoLiDo 3D打印品牌和Artify畫廊,帶來集團在未來繼續開創新的方向。

TAKEAWAY

捕捉潮流,發展前瞻性的產業和項目

天威積極尋找市場上未完全成熟的項目,作為長遠投資,開發具有潛質的業務板塊,為公司前進持續帶來動力。

天威在1980年代已投入數碼印刷耗材的生產,捕捉市場「短、平、快」的要求,這項目在20多年後的今天,在紡織與室內設計等多個行業都有長足的發展,數碼印刷也佔到集團兩、三成的業務,近年則再進一步發展3D打印和畫廊。

以舊養新,新舊業務互相配合

Arnald認為公司要可持續發展,必須以傳統的核心業務作為資金來源,以此發展新項目,否則公司發展遲早到極限,並且在發展的過程中,新舊項目之間可以互補不足。

天威投資成立和發展Artify Gallery,以其客戶關係網為畫廊網羅合適的生產商,生產各式周邊產品如電話殼、絲巾、環保布袋等為媒介的藝術品,更曾以其3D打印的廠房和團隊,製作純3D打印的藝術展,令印刷業務和藝術業務相輔相成發展。

發展專利,推動產品技術創新

天威在2000年成立專利研發部門,專注於改善打印機的品質和壽命,並且改善消費者的使用體驗,研發全新的印刷技術,集團現已擁有超過2,500項專利。

天威改良現有3D打印科技,如透過改良打印平臺和塗層,藉著改變打印平臺的溫度,使生產過程的噪音減少,並且讓打印成品更容易從平臺上提取出來。天威又研發新式的打印科技,如AMASS 3D金屬打印,應用複合打印物料、提升打印速度,可以生產尺寸更大更複雜的3D金屬組。

個案研究 ｜ 二

「新瓶老釀」
由印刷業走進市場行銷

冰雪集團

一家印刷公司
怎樣利用自身的強項
轉型至另一種業務？

如何在競爭劇烈的
廣告業突出自己？

陳永柏在 1998 年創立冰雪集團，以印刷與包裝起家，在發展的過程中漸漸確立了「印刷管理」（print management）的無機印刷商業模式。該模式有別於傳統的印刷業，冰雪自身並不設印刷廠房，而是面向客戶（client facing）為主，作為客戶與印刷廠之間溝通與過程管理的中介角色，因應客戶的印刷需求而為其匹配最適合的印刷設備。

◎ | 從傳統印刷缺乏彈性的缺陷中發展新模式

這個印刷管理商業模式獲得了成功，冰雪在行業中所享有的名聲與信任不斷上升，同時客戶所託付的工作也開始超出了印刷管理的範疇，故此冰雪開始觀察到市場營銷業務的機遇，並組建了公司的創意與設計部門，慢慢由一所印刷管理公司擴展為一所創意製作的公司。陳永柏的女兒胡陳德姿（Bonnie）在 2013 年購入了公司，並帶領冰雪於 2017 年在香港聯合交易所創業板上市，進一步確立了冰雪未來於市場營銷這方面的發展方向。

回顧冰雪早期建立的印刷管理模式，已是當時一個突破性的商業嘗試。香港傳統的印刷廠房不少都設有大型的生產機器，接收包裝印刷或書籍印刷的訂單等，但印刷管理是一個無機生產的方式，因應印刷行業的不足而發展出來的模式。陳永柏在創立冰雪前，曾在三間上市印刷公司擔任管理職務，對印刷機器、廠房與整個行業的情況十分熟悉，發現傳統的柯式印刷機器缺乏彈性，一個廠房無論印刷大量還是小量的產品，都是使用同一類機械進行，成本效益並不理想，所以發展出印刷管理的構思——分拆整個印刷過程的每個項目，然後因應每張訂單的情況，將每個項目交給最合適的公司處理，並整合資料以提交報告，顯示透過印刷管理所節省的人力與金錢資源。冰雪是第一間執行這個印刷模式的公司，初期尚未被市場完全接受，但在 2005 年與一所美資銀行簽訂了印刷管理協議，為該銀行印刷及寄出近乎全部有關市場推廣的紙品，後來更進一步承擔「數據處理者」（data handler）的角色，銀行將有關人名、地址與機密數據的資料也交給冰雪一併處理。這個項目的成功，確立了印刷管理這個模式和冰雪在行業內

冰雪的團隊為客戶提供櫥窗設計的服務。

冰雪內部建立了完善創意和設計團隊。

的聲譽,逐漸得到了更多的客戶信任,其客戶主要為一些大型銀行、化妝品與快速消費品的銷售連鎖店(fast-moving-consumer-goods retail chain)。

◉ | 利用印刷的傳統強項帶動新型業務

其後冰雪開始接觸市場營銷的業務,既是建基於長期互相信賴的客戶群,也是源自於其印刷管理的強項,即針對市場上客戶的需要而調整的能力。Bonnie表示:「在進行收購之前,就是看得出舊公司十分有潛力。」冰雪除了分派印刷訂單予相應的印刷廠,亦擔任品質監控的角色,尤其在色彩管理上十分嚴格,而若有印刷品需要在最後關頭作出修改,冰雪亦有負責藝術設計的團隊進行印刷品的適應性調整(adaptation)。因為冰雪集團的印刷品的品質有所保證,而其自身亦有藝術設計的團隊,開始有舊客戶邀請冰雪負責一些市場營銷的項目。冰雪集團的商業發展總裁Jeff Wong描述那時情況:「第一宗生意的感覺就好像是『買魚搭條蔥』,有一種這樣的感覺。」在2014年農曆新年的時候,一家來自美國的高端護膚品牌於紐約總部聯絡冰雪集團,想印製一批利是封。但當冰雪集團收到該品牌傳送過來的利是封設計檔案後,發現顏色、文字和字樣都與中國傳統農曆新年的文化習慣大為不同,於是反過來建議客戶的設計團隊採用冰雪集團的設計,最終得到採納。這個專案完結後,其他舊客戶也開始接洽這方面的服務,冰雪發現這個方面的業務大有發展的空間,於是建立了自己公司的創意與設計團隊,將有關的業務轉移由內部負責。而市場營銷

冰雪善用其印刷知識和生產配備，為客戶設計精美的產品包裝，以此配合市場推廣方面的服務。

和品牌設計的業務也由商品展示，發展到影片製作與數碼行銷方面，公司的團隊也相應而不斷擴充、多元化。

2017年年底，冰雪於香港上市後，業務繼續朝向創意行銷公司的定位發展，再次以那家來自美國的高端護膚品牌為例子，該公司繼續與冰雪集團保持合作的關係，在2018年農曆新年檔期，除了印刷利是封外，還將整個產品和推廣企劃都交由冰雪負責，產品系列的主要色系、外觀、圖案，全球店舖的視覺陳列和包裝設計，都由冰雪的設計團隊負責。在紙品範疇以外，冰雪還提供網站和移動裝置平臺作為接觸網上消費族群的途徑，平臺上有簡單的老虎機抽獎遊戲，符合內地消費者的消費習慣及增加趣味性，並製作了動畫和賀年卡等多媒體祝賀媒介，讓客戶可以發送給親朋好友。這些計劃讓該品牌接觸的顧客群增加了230%。然而冰雪並不是一所單純的廣告商，一方面冰雪仍有七成的業務來自印刷，另一方面冰雪一直善用傳統印刷業和配備上的強項來作為市場行銷的重要工具，是一所以創意行銷為宗旨的印刷公司。例如冰雪為精品糕點品牌Lady M進行的專案中，其中一個重要的部分是包裝設計與生產，即是用以盛載糕點的紙盒與紙袋。傳統印刷業務與市場推廣業務緊密地掛鈎，多年來印刷服務的聲譽為冰雪建立了良好的聲譽和與客戶之間的信任，而市場推廣的增值服務，讓客戶的忠誠度持續增加。

◉ | 迎向潮流拓展數碼行銷

在未來的發展方向上，冰雪認為要發展成為一所全面的一站式創意行銷公司，需要拓展數碼行銷方面的業務，結合大數據與意見領袖（KOL）作為市場行銷的新導向，同時開拓內地的市場。冰雪觀察到很多客戶投放於市場行銷的資金並無大變動，但當中有很大部分從傳統行銷轉而到數碼行銷的範疇。2018年8月，冰雪與美國Open Influence達成了地區優先技術合作協議，Open Influence使用亞馬遜公司開發的系統，收集和分析在Facebook、Instagram等社交媒體中製作內容及背後訂閱者的數據，包括國籍、性別、年齡、消費習慣等。由此，冰雪能夠因應不同品牌與產品的客戶目標群，選取出最適合的KOL作為宣傳與代言人。例如有一個以香港女性為目標消費群的化妝品牌原本打算邀請一位在YouTube達十萬訂閱的帥氣KOL為品牌代言，但冰雪利用其系統分析後，發現該KOL的觀眾群集中於泰國，並且以男性為主，與該公司的銷售方向並不吻合，於是以客觀的數據說服客戶另覓更適合的代言人。KOL的代言費用較傳統的明星為低，卻在年輕族群有著甚高的影響力，是一個大有發展空間的行銷方向。另一方面，冰雪也希望能夠開拓內地的市場。現在冰雪有超過九成的業務於香港，對於內地的情況也不是最熟

冰雪的團隊在文字、圖像設計等方面擁有出色的能力。

悉，Open Influence的系統也不能收集到內地網站或手機應用程式的數據。但是，因應現在內地有不少企業希望「往外闖」，可以發展歐美的海外市場，冰雪相信能夠作為這些公司的橋樑，加上近來深圳的企業發展迅速，特別是科技企業，地理上的便利也加強了冰雪與內地企業的交流。

　　總結來說，冰雪敏銳地因應市場環境而作出業務上的調整和擴張，善用其固有的客戶網絡，以及其專長服務與技術的基礎成功轉化，是一個舊企業充分發展公司潛力，在業務上更上一層樓的例子。

TAKEAWAY

善用行業空白，作為發展方向

　　冰雪建立之初是進行傳統的印刷業務，以活版和柯式有機印刷為主，後期加入數碼印刷。後來發現市場缺乏一個綜合管理印刷的公司，便轉型為無機印刷管理。

　　公司為一所美資銀行印刷月結單為契機，在建立互信之後，承包了該間銀行的大部分紙品印刷，擴大了生意規模。及後進一步發展成中介的角色，在理解客戶的印刷需求後，為客戶尋找最適合及價錢最相宜的供應商。

傳統業務為基礎，擴展新業務

　　冰雪集團除了作為聯絡客戶和供應商的橋樑，同時提供品質管理和即時更改設計的服務。在這方面展示了公司團隊的創作能力，吸引現有客戶將更多有關印刷的行銷業務委託給冰雪，最終成為一條龍服務提供者。

　　冰雪原本為一家來自美國的高端護膚品牌印刷農曆新年期間的利是封，但因為覺得原本的設計與華人消費者口味不符，於是為品牌提供了新的設計。自此之後，該品牌將中國節日產品的包裝設計、櫥窗設計，以至數碼行銷項目全都交由冰雪一站式負責。其他公司有見及此，也開始尋找冰雪的服務。

保留核心業務，為公司的財政及行銷帶來保證

　　印刷業務仍佔冰雪業務的七成之多，為公司轉型提供所需要的資金，並且包裝、商業印刷與市場推廣息息相關，冰雪擁有其競爭對手所沒有的生產和設計能力。冰雪很多行銷計劃都與印刷有關，例如為Lady M設計和生產盛載蛋糕的紙盒。

個案研究 ｜ 三

策略性發展的印刷企業

宏亞印務

印刷企業為何一度

大幅擴張之後

又極速收縮？

在行業式微的年代

如何創業及保持增長？

宏亞擁有經驗豐富的團隊和完善的生產設備。

1990 年代末，香港印刷行業的黃金期已經過去，但這時一個在銀行工作了十幾年的香港人卻創辦了一家小型印刷廠，取名宏亞印務（Asia One Printing），這個大膽的生意人就是宏亞的老闆劉文邦（Peter）。如今宏亞印刷已經走過了 20 餘年，成為香港商業印刷領域的龍頭企業。創業過程 Peter 非常注重規劃企業的發展策略和方向，據他所述，這 20 年的發展分幾個不同階段。

◎ ｜ 三個發展階段

最開始的十年宏亞專注在印刷領域的發展和增長，不斷引進新的機器、不斷擴大規模，業務覆蓋生產的各個環節包括分色、印刷、釘裝、運輸等。這樣快速發展的十年後，宏亞無論在印刷領域的市場份額，還是聲譽都已經建立起來。而Peter發覺，印刷只是傳播領域（communication cycle）中的一環，上游和下游還有很多工作，而印刷的利潤相對來說比較低，要想有更大的收益必須縱向擴展。

於是之後五年裡他快速擴大版圖，拓展出設計、攝影、出版、活動策劃、禮品服務、書廊及書店等一系列上、下游業務，力圖做到多元化、一條龍服

TIMELINE

1997

劉文邦（Peter）創立宏亞印刷

1999

Asia One Multimedia Limited 成立，提供平面設計。

2002

成立 Asia One Graphic Limited（宏亞數碼分色有限公司），增設輸出服務。

2007

發展出版業，成立宏亞出版有限公司。

2008

買入宏亞大廈

2009

成立攝影概念店 AO: The Photo Book Center

2011

成立 Asia Premium Solutions Limited，提供一站式禮品宣傳方案。

2012

開設 AO Vertical Art Space 垂直式畫廊

宏亞一絲不苟地管理印刷色彩及其他細節。

務。然而這樣迅速擴張後，他發現管理的重心分散，合資格的人手不足，新增的業務佔用了大量精力卻無法快速帶來經濟回報。而且有了自己的設計團隊後，還失去了外面設計市場上的印刷訂單，反而影響了主營的印刷業務。於是過去的五年裡，Peter大量削減附加業務，人手也從180減少至100人，重新將重心回歸到印刷本身，致力於成為香港第一的印刷企業。

宏亞旗下的攝影概念書店 AO: The Photo Book Center。

◉｜規劃發展策略

不似傳統華資企業的風格，宏亞一直實施規範的企業化管理方式，非常注重發展策略，每年都會召開策略會議，高級管理人員都要參與，在會議中回顧過去一年的工作，彙報接下來的計劃，最終推出新一年的策略規劃。這些策略也會寫入員工手冊中，每個新員工加入的時候都會拿到這樣一本員工手冊，介紹宏亞的發展願景和相關策略。而 2019 年宏亞的一個重要決策本來是收購一家同類的印刷企業，從而提高市場佔有率，從品質、規模和品牌上成為香港第一的印刷企業。由於印刷市場收縮，Peter 認識到以往的自然增長（organic growth）方式已經越來越難，所以決定收購一個金融印刷領域的競爭者，從而達到快速增長。可惜因各種外來的因素，收購最終告吹。

◉｜超前的市場推廣

1990年代末，印刷行業的市場競爭已經非常激烈，為了能夠立足，宏亞從創立起就很注重市場推廣和銷售，以此爭取訂單，積累客戶。宏亞的市場推廣方式曾大大超前於印刷行業，例如20年前就開始用給潛在客戶發簡訊（newsletter）的方式吸引客戶，現在也會通過各類活動例如新書發布會等方式與潛在客戶聯繫。宏亞的銷售策略是直接與終端客戶（end user）對接、做生意，不像某些印刷企業選擇通過中介商獲取訂單，因此需要很多銷售人員。宏亞很早就建立了一支很強的銷售團隊，選擇銷售人員時Peter更看重對方的知識面和綜合素質，而不是以印刷技術方面的背景為主。

品牌建造是宏亞部分主要的推廣策略。為了塑造宏亞高端優質的品牌形象，Peter十年前便開始發展「藝術鐵三角」，即藝術出版、書店和畫廊。他創立的出版社曾經是香港最活躍的出版藝術類書籍的出版社，高峰時一年出版多達20本藝術書；也曾在香港國際金融中心開了一間專賣藝術攝影類書籍的書店，現在這間書店搬回到了公司大樓地下。他還在宏亞大樓的樓梯間做了一個垂直畫廊，叫做AO Vertical，代理藝術家的作品。通過這樣的藝術鐵三角，他希望直觀的將宏亞的高品質、精美印刷能力展示給客戶。印刷行業雖然是工業，但宏亞亦十分重視客戶。即使五年前確定收縮業務重新專注印刷，宏亞的團隊仍以高質服務享譽全行。

宏亞利用大廈樓梯空間設置的垂直畫廊 AO: Vertical Art Space。

目前宏亞在印刷業務分類上商業印刷、金融印刷、雜誌類印刷大約各佔三成多。策略是盡量平衡業務類型、分散收入來源，從而降低風險。其實剛入行時宏亞以金融印刷為主，目標客戶是金融界及地產界，但這類印刷集中在三四月和七八月，其他時間段業務很少。這促使Peter改變策略，發展商業印刷去平衡整個生產迴圈。Peter也不希望業務集中來自兩三個客戶，因為這樣風險相對集中，如果一個客戶出了問題，可能就會拖垮整個企業，他說宏亞的業務分布中，沒有單一客戶獨佔10%以上的情況。過去20年經濟環境不易，經過經濟危機、金融危機，目前看來這風險管理策略尤其重要。

談到過去三個階段的發展，Peter說：「做生意和做人一樣，要知進退，不能一味橫衝直撞，要觀察形勢，發展到一定程度要知道折返。」及時折返的宏亞印務看似退了一步，其實是有策略地繼續向未來邁進。

TAKEAWAY

規劃和調整發展策略

Peter重視規劃企業發展路線，定期制定和調整發展策略。

第二階段縱向擴展業務帶來負面效應後，及時收縮重新專注印刷本身。觀察到自然增長方式在市場收縮的情況下難以進行之後，採取收購競爭對手的方式，提高市場佔有率，擴大規模，實現新的增長。

重視市場推廣

宏亞成立於香港印刷行業的快速增長期之後，為了爭取客戶，宏亞積極開展市場推廣和銷售。

宏亞在20年前就以品牌建設為基本策略及開始運用給潛在客戶發簡訊（Newsletter）的方式吸引客戶。近年開始用藝術相關的業務，重新打造品牌形象，通過出版、書店、畫廊業務打造宏亞高端高品質印刷的形象。

降低風險

宏亞在不同類型印刷方面的業務佔比相對平均，不會過分依賴某一類或某一個客戶，從而降低了企業風險。

目前宏亞的商業印刷、金融印刷、雜誌類印刷大約各佔三成多，不會有一個客戶佔宏亞10%以上的業務。

個案研究 ｜ 四

不斷求變及創新業務的上市企業

星光集團

企業路上遇挫敗

如何應對？

一家 OEM 印刷公司

如何走上 ODM、OBM 的道路？

1970 年成立的星光集團，由一家小型印刷公司發展至今成為亞洲最大的印刷企業之一。星光集團主要業務劃有四大板塊，分別為保密項目、包裝業務、兒童圖書和賀卡類印刷業務，以及原廠委託設計（ODM）和創造品牌模式（OBM）業務。星光集團究竟如何從創業走到上市之路？又如何迎接今後印刷業環境迅速變化帶來的挑戰？

◉ | 創業之路艱辛

　　1963年16歲的林光如先生獨自到香港謀生，先到一家印刷廠當學徒，晚上修讀夜校，七年後辭職創業。1970年，他用積蓄及借來的5,000港元，購買一部二手印刷機，租用一間16平方米的房間，辦起了星光印刷廠，做些印信封、信紙之類的小生意，又捱足七年才站穩腳跟。

　　1970、80年代，香港印刷業不少企業擔心香港的前途問題，紛紛減少投資，林光如卻看準時機擴大投資，還不惜斥資從德國引進當時最先進的印刷設備，滿足歐美客商對精美包裝的需求。在當時香港印刷界還普遍採用二手機器設備的背景下，這一敢為人先的舉動立即引起了不少的震動，隨後香港業界紛紛效仿，從而帶動了全港印刷水準的整體提升。星光從此名聲鵲起。

　　1987年起，他將廠房移至內地，投資重點放在內地，在深圳、廣州、韶關、蘇州，還有馬來西亞設有廠房，1993年星光在香港主機板上市。

◉ | 上市後遭遇困境

　　1990年代集團上市後，公司一下子擴充迅速，在已有了香港工廠的前提下，又在馬來西亞新建了工廠。同期，集團有感光做包裝OEM非常被動，於是開始拓展新的業務。其中最主要的舉措就是開展了名牌代理的業務，1993年底，星光集團成為世界著名賀卡品牌Hallmark在中國市場的獨家授權經營。由於主觀上已經接受了這項合作，於是事前沒有做詳細客觀的市場調研，但由於內地消費者並不像歐美人那樣有贈送賀卡的習慣，內地物流、百貨業其時也建立全國性的銷售點，市場太過零散，因此整體業績並不理想。加上1996年e-card開始流行，內地消費者對Hallmark品牌的忠誠度低，賀卡業務得不到市場的支持，給「星光」造成了相當程度的損失。1999年，集團與Hallmark的合作關係結束。

　　拓展業務的另一途徑是1994年開始經營動畫，獲得美國時代華納兄弟（Times Warner Brothers）特許經營權，享有路路通（Looney Tunes Show）在

1970

星光印刷有限公司創辦，由活版印刷開展業務。

1986

引進全新機器設備，為配合包裝業務發展，從德國和日本引進全新機器設備。

1992

集團在深圳建立華南發展基地，在內地大規模投資由此開始。

1993

於香港股票聯合交易所上市

2000

星光印刷（深圳）有限公司首先引進電腦直接製版系統（Computer-to-Plate，簡稱CTP），將印前技術帶進一個數碼新時代。

2002

星光印刷（蘇州）有限公司成立，為華東地區客戶提供優質印刷服務。

2005

星光集團被世界權威雜誌《福布斯》評選為亞洲200家最佳中小型上市公司之一

2012

星光成功研發星光第一台全自動製盒機

2013

星光首台3D打印機ProJet 3500 HD Max 3D

2014

星光引進八色紫外光印刷機

2016

前海拉斯曼智能系統（深圳）有限公司成立

亞洲十個國家的特許經營網絡頻道，包括韓國、印尼、泰國、菲律賓等。剛開始兩、三年業績良好，基本可以做到收支平衡，但是這個合作在1999年結束了。

1990年代可說是星光集團自1970年創業以來最艱難的時期，遭受到的最大危機——投資環保項目的失敗。1994、5年，由於擴大了企業的業務，七、八個項目一起被提上議程，結果造成了人力和資金的巨大負荷。尤其是投資「紙漿再生」的環保專案，代理泡沫塑料，造成了巨大的損失。當時大量購買英、美等國的先進機器，組成了價值數千萬港元的生產線。但是內地廠商僅用了平價的機器來生產類似的產品，雖然平價機器產出的印刷品質素相對較差，但售價卻便宜，於是在這種「土炮」設備的衝擊下，星光集團建立的高價生產設備難以競爭，只有把這幾千萬元撇帳，因此造成了巨大的虧損。

1999年，星光集團自上市以來第一次出現虧損。同時，在亞洲金融風暴的影響下，投資者拋售股票套取資金，星光集團股價由每股最高的1.95港元，一度跌至0.138元。幸好當時集團沒有涉足房地產業投資，集團仍得到銀行良好的信貸評估，繼續支持公司的擴充和發展。此後的四、五年間，星光集團重回快速發展的軌道，集團踏入35歲的2005年，公司被《福布斯》評選為200家亞洲區最佳上市公司之一。

◉ | 技術創新和業態創新

儘管1990年代星光集團的業務曾遭挫折，但應用最前沿的科技於生產管理始終是公司一直堅持的發展方向。星光集團率先在業內啟用ISO9001及ISO14001管理系統，憑藉精細化的管理，優質的產品和服務，不少世界500強企業如微

軟、惠普、英特爾、Godiva、SONY、歐萊雅等都成為星光長期的客戶。

　　印刷業務日益講求更精緻及複雜的技術，以滿足客戶對紙品印刷的要求。例如過往替客戶印製的賀咭，花款越來越複雜，不但印面上的圖案和色彩十分講究，還有不同的配件、裝飾等附件加到印刷物中。印刷這些產品，過往要需要人手加工才能完成，也就是說，印刷過程中免不了大量人手參與的工序。星光集團為了提升印刷的效益，於是開始著手把印刷過程中某些工序進行機械化、自動化，甚至到後來更應用人工智能來操控機器，例如於2010年，公司已應用機械臂來處理某些印刷工序，藉此提升印刷的精確度及效益。起初，提升效能的印刷機器都是外購的設備，但到了生產流程越來越需要自動化機械的配合時，星光集團只好自行研發所需的機器，並邀請其他顧問、科研機構如大學合作研發具智能的機械設備。

星光講求更精
緻及複雜的印刷
技術，與不同科
研機構合作自行
研發智能機械
設備。

　　隨著印刷業務走上自動化的方向，星光集團持續投入的技術投資近年
已進入「回報期」，林光如表示工廠自動化的覆蓋率已越來越高，視乎不同
產品而定，「紙品盒、精品盒這類印刷品，事實上早已由機械來生產，估計自
動覆蓋率已達六成；其他較複雜的印刷品如立體書、紙品（pop-up works）
也會用上機械臂或者智能機械。」而且生產線進入裝配製造和工業機械人
的階段，也為公司省減約一半勞動力，對提高生產效益幫助甚大。林光如更
表示：「智慧機械人的前途無限，公司在此領域起步較早，現在已成為行內
少算領先的企業，也有很多人來我們處取經，甚至向我們查詢公司使用的自
動化機械會否出售，又或詢問這些機器是否從外國購入。我說：都是自己研
發的！」

星光成立了一家以立體木拼圖為主要業務的新公司「綠團」，嘗試不同的創新業務。

◉ ｜努力不懈開拓新業務

　　2000年以後星光集團雖然重拾上升軌道，但林光如有感承接印刷訂單始終是一門被動的生意，正如他說：「傳統印刷業沒有自己的品牌，亦沒自主的終端產品，業務十分依賴客戶的需求，處境十分被動。以印刷業來說，行業太過依賴美國市場，而且備受當地市場季節性因素的影響，例如7至9月是旺季，1月至3月是淡季。星光要維持動力，需要找到業務新的平衡點。」

　　要找到新的平衡點，林光如的策略是持續開拓新的業務，而且是跨界別地開拓新的市場——從涉足動畫、立體拼圖，到自動化機械，都是這種拓展策略的產物。1994年，星光取得當時華納兄弟路通（Looney Tunes）的經營權，代理在包括中國、韓國、印尼、泰國、菲律賓等亞洲十個國家和地區的路路通產品的設計、製造和銷售。但路路通是人家的品牌，於是星光開始著手設計了一個自己的卡通形象，叫「哈比」。「哈比」這個卡通形象一經展出，便受到了歐洲人和日本人的喜歡，因此星光希望這個形象能夠動起來。1996年星光已經在北京請來日本著名公司共同參與，以「哈比」的形象拍攝成樣片，但因為環保專案失敗，這項工作停頓下來。林光如表示婉惜：「如果不是環保項目的挫折，大家應該在幾年前就看到星光拍攝的動畫電影了。」

2011年，星光集團成立了一家新公司「綠團」，以立體木拼圖為主要業務，開創了新一片天的產品設計市場（詳見下一個案例）。

另一個新發展是2015年10月拉斯曼智慧系統（深圳）有限公司於前海成立。「拉斯曼」自動化產品提供三大服務範疇：一，是為星光度身訂造的機器人，為公司減少人手，提升經濟效益；二，是賣給同業的智能機械，例如專做高檔禮品包裝，藉此分享科技成果；三，是全方位機械人能夠為整個製造業提供服務。「拉斯曼」的發展，正正是星光集團多年以來進行自動化機械研究及實踐的成果，經歷多年的摸索和實踐，星光集團有信心把自家研發的技術轉化為市場產品。

「拉斯曼」是一家集研發設計和製造為一體的新型科技公司，擁有數十項發明專利、實用新型專利和軟體著作版權，從事各類自動化包裝設備、智慧生產設備的研發製造。「拉斯曼」與暨南大學機械人智慧技術研究院、中國科學院上海技術物理研究所及國外高新技術企業進行合作，實行產、學、研一體，依託科研實力，引進先進的通訊技術及控制系統，應用於高端自動化設備。

憑著持續不斷的創新和開拓市場的努力，星光集團不但把本身的業務推向高峰，而且繼續改進公司的技術和設備，使公司成為印刷業中引領自動化機械技術的企業。除本業外，星光集團積極開拓新的市場，嘗試不同的創新業務，為集團的綜合發展開創更多元化的道路。

TAKEAWAY

企業路上偶有難路，但無礙持續創新

星光集團企業路上曾遇到困難，創新項目也試過失敗，但公司並沒有停下腳步，反而持續投入資源改進生產設備，繼續發展新的業務。

星光集團曾投資開發紙漿，也試過涉足動漫製作，但都未能取得成功。但星光集團並沒有氣餒，公司其後推動集團內部的自動化機械的進階、創立「綠團」、「拉斯曼」兩家新公司，成功開拓了立體拼圖及自動化機械市場。

從發展經驗中開拓新的業態

星光集團拓展業務，走進跨行業的領域發掘商機。創新的舉措並非無中生有，而是沿著過往發展及累積的經驗獲得啟發，開拓新的發展路向。

星光集團從事印刷業務，早年嘗試投資環保紙漿，可謂是沿著本業向紙張原材料市場擴展的策略。創立拉斯曼公司推動自動化機械市場的發展，這項投資事實上得力於星光集團內部的自動化機械的實踐經驗；經過多年自行研發和實施生產自動化的經驗，星光集團才把相關的技術和經驗市場化，成立新公司來推動相關技術。

個案研究 ｜ 五

傳統印刷集團中的
立體木拼圖新業務

綠團

印刷公司如何
向上游產業發展？

以什麼策略
開發新產品和生產技術，
如何尋找適合市場？

在日本市場大受歡迎的姬路城立體拼圖。

綠團創立於 2011 年，是星光集團旗下的一間公司，由集團主席林光如帶領，邀請工業設計師李建明（Alex）擔任顧問主理。綠團營運3D 模型的業務，經過多番的產品定位及生產技術上的嘗試後，終以立體木拼圖起家，後來進一步建立新的產品線與木傢具，銷售渠道遍布全球，是一個傳統印刷集團開啟業務的範例。

◉ | 建立新業務，帶動集團前進

　　綠團成立的主因是星光集團的傳統印刷業務開始出現停滯，集團老闆林光如知道現在單靠印刷業務難有突破，所以尋求發展的新方向。星光集團成立至今已接近50年，包裝印刷一直是其強項及主要業務，但是近年的生意越發難做，競爭越來越大，而利潤也越來越低。Alex以一個四層價值鏈的概念解釋星光集團所處的局面：在包裝印刷的供應鏈中，基本上第一層是零售，即是直接接觸顧客及售賣貨品的店舖；第二層是品牌，即設計及推出產品，供應給零售店售賣的單位；第三層是供應商，接收第二層品牌的訂單，生產出其設計的產品；第四層是原料供應商，即將原料、機械、配件、包裝用品等賣給第三層的供應商。在這個系統之中，星光集團處於最後端的第四層，這個位置讓他

摸索消費者喜好，確立產品的方向，探索生產廠門。

們的業務頗為被動，Alex舉例說：「如果一件貨品的零售價是100港元，零售店可能賺40幾港元，品牌賺30幾港元，供應商可能賺到10港元，而我們做包裝的只賺到幾港元。所以大家見到整個價值鏈，第一層和第二層的利潤是最多的。」同時，他又點出了舊行業發展新品牌的必要性：「除非一間公司在一個領域裡擁有絕對的技術，否則便需要透過不停創造價值來繼續前進。」有見及此，所以星光集團希望能夠做品牌，做一個新的品牌和推出新的產品，將屬於公司獨特的IP賣出去。

但星光向來沒有設計產品，公司亦沒有相關的部門，所以林光如在尋找管理綠團的人選時，決定往公司外發掘，在舊有的相熟客戶中尋覓機會，如此一來可以擴大接觸面，又能找到互相信任及認識的伙伴，並最終找到Alex擔任顧問。Alex本身是一名工業設計師，自香港理工大學設計學系畢業後，曾開設兩間設計公司，其中一間公司專門設計益智兒童玩具，其包裝服務就是由星光集團承包，雙方已認識了十多年。2011年，兩人一拍即合，Alex利用其關係網絡，為星光找來了其他設計師，成立了綠團的團隊，並且在設計上，Alex擁有「設計的力量」（powerful design）的理念，他認為：「我的理論很簡單，你要令設計能夠『搵到食』，做到持續發展。低層次的設計管理就是單純去管理圖案、外型的設計，高層次的設計管理是讓設計成為一個生財的工具，拿設計去做市場營銷，而且要思考產品生產。」所以綠團的設計師團隊除了產品設計之外，同時也要負責生產、市場行銷及銷售。

用以開拓新市場的中性產品：小貓小狗立體拼圖

綠團成立之初的目標十分清晰，就是要推出新的產品線，但是實質推出什麼產品則仍在摸索的階段。Alex的博士研究論文是關於環保工業的，而星光集團也一直以印刷作為主要業務，對於紙張的材料最為熟悉，因此綠團成立的首半年，便率先嘗試以環保紙板製作DIY立體拼圖，並生產了第一隻立體紙板牛。雖然立體拼圖的概念引起了市場的興趣，但他們很快發現紙板的拼圖在行銷上面對很大的挑戰。首先，由於拼圖使用環保紙張，而當時環保紙的市場與意識皆未成熟，消費者普遍覺得價格過於昂貴，不願購買。另外，在用家體驗上，紙板由於太薄，在雷射切割的過程中會被燒焦，留下很多殘餘的黑碳，用家在拼砌的過程中會弄污雙手，使很多消費者的使用感受不佳。及後綠團總結半年的經驗，總結出消費者喜歡立體拼圖，只是不喜歡紙板，便決定改以木夾板製作木板圖。木拼圖邊緣縱然被雷射燒成深啡色，也不會有黑碳留在手上，因此獲得了廣泛的反響與成功，在成立的一年半後確定了木板與立體拼圖的兩項主要的產品方向。

產品路線確立後，綠團經過不斷的嘗試與糾正後，建立了一條高度電子化的生產線。在成立之初，綠團的設計工作室設於深圳，廠房則在韶關，其時選址是因為星光在深圳擁有五間廠房，皆有最先進和完善的印刷機和設備，適合進行紙品設計的研發，而韶關則有龐大的廠房可以安置大量機器。在經歷了頭半年紙本拼圖的失敗後，綠團的團隊決定嘗試推出木製品，但星光集團從來沒有處理木品的工房與技術，利用木夾板生產是一項全新的項目，因此Alex的團隊開始到不同的廠房進行研究和學習製模、啤塑等技術和程序，之後購置了一部簡單的雷射切割機置於深圳的設計室，作為內部學習之用。團隊用了約一年的時間學習調較機器的參數和不同拼圖的設計方式，建立了生產模式後，添置了更先進及可以大規模生產的機器。廠房有兩種主要的雷射切割機，一種是大功率切割機，可以切開木板；另一種是低功率雕刻機，用以將花紋與圖案刻在木板上。這些技術與機器讓綠團從打板到生產過程都可以實現全自動化和數碼化，與傳統的生產流程有所不同。傳統的流程需要開模具、注塑、將零件組裝，但綠團的流程是全數碼化的，設計師會利用電腦的立體設計軟件繪製圖板，然後生成一個機器能閱讀的檔案，在深圳的廠房進行原型的測試，測試成功後便在韶關的廠房投產。

綠團這個生產流程帶來了三方面重要的優勢：其一，產品之間的誤差大為降低，品質一致性高；其二，生產十分彈性，每部機械可以各自投放不同的產品與指定生產數量；其三，綠團的廠房可以實踐無人化工廠，設計師能夠掌控到生產的過程，即使設廠於高成本的地段與區域，亦可以節省人力資源

迪士尼動漫《阿拉丁》的藍精靈立體拼圖。

成本。

　　綠團在確立生產流程的過程中，不只購入機械與外聘技師，尤其重視團隊內學習與掌握各種技術與生產方法的竅門（know-how）。Alex描述起初廠房設立的時候：「當你有一個意念而你要去實踐的時候，就是要裝備自己去做研究，學習當中的竅門。應用雷射切割於立體拼圖是由我們的團隊設計師一同試出來的，我們邊做邊試，從錯誤中學習，終於做了第一個板模出來，發覺原來好好玩。我們繼續研習和嘗試，透過設計整個流程，學懂了如何使用這技術。」如此，設計師的團隊掌握到各種生產的技術。

　　綠團拼圖的特點為「不用膠水、不須工具」（no glue no tools），大部分配件由恰到好處的榫位互相支撐。這些榫位支撐與零件配搭的設計都難以由電腦計算，必須依靠設計師的經驗累積下來的隱性知識。當拼圖的圖形設計好後，整個模型的結構，例如弧度、榫位的大小和距離、拼砌的先後次序，

都是綠團的設計團隊經過多次試驗所建立出來。以佛教五重塔的拼圖為例，它有一個斗拱，藉著前後兩點精確的支撐點，造成中間的虛位，供用家將斗拱插進去，若然每個部件之間有一點點誤差，整件作品累積的偏差便會很大，綠團的竅門正正在部件之間的精確度上所體現。他們亦慢慢由生產的竅門衍生出專利的生產技術，如有一些特殊的構件，接駁的位置會較為脆弱受力，他們便會在木板上安置彈弓，解決一些生產上的難題。

◉ | 針對合適的市場發動攻勢

在產品與生產的方向確立之後，Alex深信一個成功的設計還要懂得如何營銷，為產品找到合適的市場和客源。由於Alex 與日本市場素有聯繫，而且認為日本消費者對產品的質素有要求，日本將是衡量綠團產品成敗的關鍵市場，故以此作為綠團的第一個市場。日本的市場還有一獨特的文化，其供應鏈體系之中，國外品牌與零售商之間存在入口商及分銷商兩個環節。故此，綠團於當地請了一名代理去跑市場，該名代理為綠團找到了一間當地大型積木企業擔任綠團的日本分銷商。該分銷商於日本擁有千多間零售點的網絡，因此貨運分銷的過程非常簡單，當該公司送一箱積木至商

綠團的設計師有豐富的經驗和技術，精確地計算木榫的接合位置，能克服各式其色的形狀和結構，不用膠水和工具亦可以砌出栩栩如生的拼圖。

《星球大戰》中經典的反抗軍 X 翼戰機立體拼圖。

舖時，順道送一箱綠團的拼圖，對該分銷商來說不用花費很多額外成本，卻又能賺到約10%的分成，而綠團也能夠順利地進入當地的玩具市場。

至於市場的策略，綠團以製作中性、地域感較低的產品，如小豬、小貓、小牛、小狗等的模型，憑此進入日本半年後，綠團已成功立足，並於「日本最受歡迎的2,000件商品」市場調查之中成功獲選，分銷網絡也覆蓋至全日本700多間零售店。該名代理後來更自薦成為日本的總代理，綠團其後成立了一個東京的工作室，聘請了一個全職的設計師及兼職設計人員，主要收集日本的市場訊息數據，並開始製作符合日本文化的產品與設計，如姬路城、日本武士刀、頭盔、神轎等。

以短短半年成功進入日本市場後，綠團繼續利用類似的方程式打入其他市場。他們第二個市場放在香港，香港的零售主要透過LON-ON、一田百貨、三聯書店、商務印書館等連鎖店與專門店進行，雖然零售點加起來的數目只有60多個，但銷售額卻達到了日本700間零售店的三分之二，成績斐然。再經歷了一年多的時間，綠團善用星光集團的網絡認識了一個美國的合作伙伴，從而打入了歐美的市場。該伙伴是一家出版社，曾委託星光集團印刷書籍，在一次見面中被綠團的產品所吸引，更主動提出了合作的建議，並最後成為了綠團的美國總代理。該代理擁有很多著名影視作品的版權，包括迪士尼旗下的漫威（Marvel）「超級英雄」系列電影、《星球大戰》（Star War）等，所以綠團因此開闢了一個適合歐美市場的「電影系列」，例如迪士尼的米奇老鼠、《星球大戰》的死亡星和R2-D2機械人、《海底奇兵》的多莉、《蝙蝠俠》的戰車、Marvel的雷神等。

◉ | 品牌的可持續發展

在綠團未來的路向上，公司要考慮如何維持現有的客戶及持續發展。Alex相信他們的產品十分長壽，例如創業初期的小貓現在仍然出售，現時維繫顧客的忠誠度是綠團最主力工作。Alex描述每一個產品都有生命周期，初生產品若得到市場接收，銷售會進入上升軌道，但產品自然進入平穩期，在一段時間後更會走下坡。綠團會盡量發掘市場的需求與心態，務求盡力延長

設計產品在平穩期的生命線，並且在該產品線走下坡前，便會由後續或新產品線補上，帶來新的動力，例如他們研發的傢具產品，就是第二條產品線。在執行上，木製傢具產品在DIY元素以外加入了功能系列的產品，利用相同的生產機器和相近的原料，製造木凳等產品，還有如手機座等產品，使消費者持續得到新鮮感。第三條生產線則是音樂盒，在木拼圖之中加入了音樂盒的機關，而機關也能帶動木盒上的人物或物件轉動，在靜態的產品中，加入了動態的元素。

隨著綠團的業務逐漸成長，星光與綠團之間也實現到更多相輔相成的作用，星光的舊有客戶包裝業務能與綠團互相配合，而綠團則有一個十分高的毛利率，大概售出1,000萬件產品便已等於星光的一億件產品。在2019年初，綠團的廠房由韶關搬到蘇州，生產面積與效能得到進一步擴張，未來的發展令人期待。

TAKEAWAY

傳統代工廠透過創新品牌和業務推動集團前進

星光集團以包裝印刷為主業，但競爭日增及利潤下降，建立綠團新品牌及新產品，讓公司由供應鏈後方的位置走向價值鏈前端。

綠團主理立體木拼圖的業務，可將產品直接售予零售店，在供應鏈中佔較有利的位置，而且產品的毛利率比傳統印刷品為高，長遠可為集團帶來更多收入。而且與綠團合作的伙伴與客戶有不少皆與星光集團本身有聯繫，可以強化集團的客戶網絡。

先以試業產品摸索消費者喜好，後再制定產品方向及市場

星光集團以前在設計產品和接觸零售客戶的經驗較少，故綠團先在市場上試驗消費者對產品的反應，以此調節產品的方向，並在確立產品方向後，才決定進軍的市場。

綠團推出一些較中性的產品，如小貓小狗等動物模型，測試消費者對這種模型的反應，發現模型的概念表現理想，但紙張作為產品的材料對行銷上造成困難，便改用木夾板為拼圖底板，確立了木製立體拼圖的方向。之後再思考到木拼圖需要一個對DIY有需求及追求品質的市場，瞄準日本出擊，打入市場後才推出一些在地化產品如姬路城、武士刀模型，並且再慢慢擴展往其他市場。

團隊內部要學習與掌握生產的竅門

綠團是以設計師為主的團隊，過往木製品的生產經驗較少，Alex相信團隊需要親自學習不同的技術，建立專屬的生產流程，並確立專屬的生產竅門，確保產品的品質與獨特性。

綠團的團隊初期親自嘗試操作雷射切割機，以生產和設計木拼圖的底板，在掌握到雷射切割的技術之餘，還摸索到很多木拼圖榫位設計與機構支撐的竅門，更建立到一個全自動電子化的生產線，由設計到生產都可以在電腦上進行與監控。

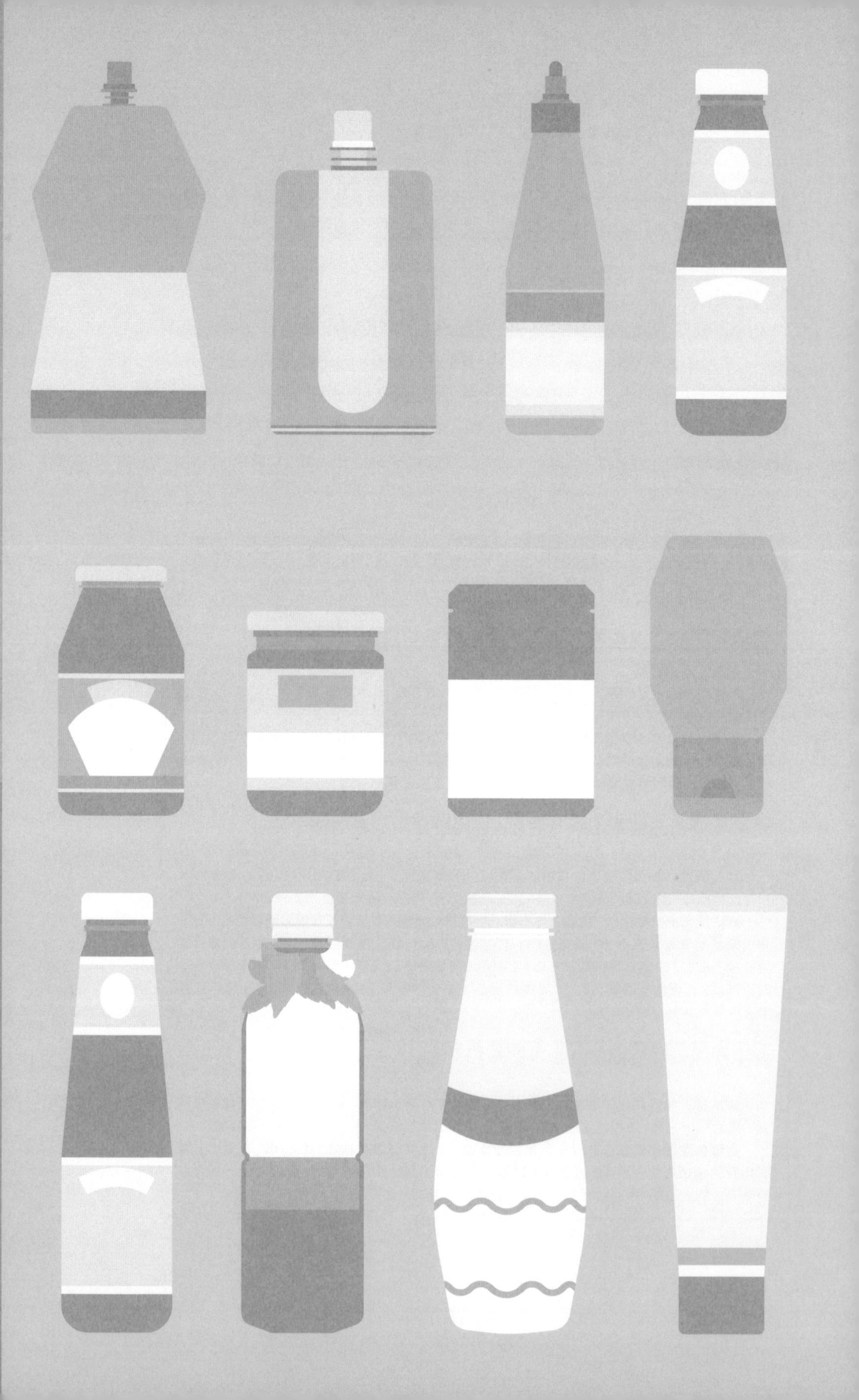

HONG KONG
CHINESE FOOD

4

香港中式食品

香港沉澱著深厚的
華南飲食文化，
各式食品及烹煮方法
流傳至今，
固然經典，但絕不過時。
企業家順應
社會飲食文化的變遷，
以傳統食譜配方為基礎，
將傳統食品改造成時尚品牌。

香港中式
食品行業
簡介
INTRO-
DUCTION

食品是生活必需品，又是文化產品，亦是工業製品。香港是華洋混雜之地，故飲食文化深受中、西文化影響，因此食品業也起步較早。早期的食品業以滿足本地需要為主，但隨著時日漸長，不少企業更開始向外擴展，一部分更成功打進海外市場。香港的食品業，主要可分為兩大類，第一類以餐廳為主，香港作為中西匯聚之地，有多種不同類型的餐廳，中式的有酒樓、茶樓，同時又有高級餐廳；此外，又有混合中西食材及煮法的茶餐廳。第二類則是加工食品、醬油及飲料行業。

香港餐飲業發展

香港開埠初期的飲食文化主要來自廣州，故此茶樓、酒家、飯店成為本地餐飲業主流；另一方面，香港亦有西式酒店及飯店，主要供應居港洋人所需。不過，由於早年大眾多為低下階層，餐廳收費高昂，故只有上流人士才可以到餐廳用膳。至戰後年間，人口和資金大量流入香港，餐飲業市道暢旺，大量酒樓在中、上環一帶開業；另一方面，以貧苦大眾為主要客源的「地踎」餐廳亦在各地湧現，此外還有冰室、餐室和飯店等不同食肆種類。至1960年代，由於香港夾雜大量來

自大江南北的移民，中式飯店雖以粵菜為主流，但亦有不少酒樓提供內地各系菜式。至1970年代，香港工業發展蓬勃，社會財富增加，人們更願意到食肆消費。因此一些酒樓大肆裝修，以吸引上流人士，而這些酒樓亦成為了商人的聚腳之地。不過，由於香港經濟極受外圍經濟影響，股票市場飄忽不定，令一些食肆忽然失去大量客源，導致周轉不靈。另一方面，資金雄厚的酒樓集團則加開分店，同時收購這些陷入財困的酒樓，結果自1980年代起出現今天美心、鴻星、明星等大酒樓集團。

1980、90年代，香港的餐飲業模式出現轉變。隨著社會生活節奏加快，快餐式文化崛起，快餐店數量在各地快速增加。這些快餐店的特色在於大量統一生產，劃一品質標準，以及食材由中央工場製成，再分送到各分店，故分店很快便能為顧客提供食品。香港既有外資快餐店，例如麥當勞、肯德基等提供西式食品，同時亦有大家樂、大快活、美心等本地餐廳提供本地化、中西合璧的食物。結果，由於飲食文化改變，快餐店漸有取代酒家、茶樓之勢。直至今天，香港除了酒家、茶樓、茶餐廳和快餐店以外，還有大量提供世界各地菜式的食肆，而且不少餐廳、食肆均得到米芝蓮等國際認證，令香港成為真正的「美食天堂」。

加工食品、醬油及飲料行業
—

糖、油、鹽等食物原料是飲食業的基礎，同時也是社會的必需品，這類食材製造業早在開埠初期已開始發展。1870年代，香港已有四間糖廠，包括怡和洋行、中華糖局、東方糖局，以及一間印度支那的糖廠；太古糖廠及利遠糖廠亦相繼於1880年代投入生產。鹽方面，香港一方面從安南及金邊入口食鹽，另一方面大澳及藍田等地亦有大幅出產食鹽的鹽田。油方面，香港分別有榨花生油莊、豬油店。其中前者既有大規模油莊，亦有家庭式經營者；而不少燒臘店亦有製造豬油。而現今著名食用油品牌「獅球嘜」，則在1932年在港開辦。醬油方面也歷史悠久，位於油麻地的調源醬油早在1874年出產豉油、豆豉等，並遠銷至美國西岸及星、馬一帶。此後，又有不同生產蠔油、酒醋及辣醬等醬料的醬園相繼投產；1930年代，一部分醬園更開始生產豆豉鯪魚等罐頭。除了糖、油、鹽外，麵粉亦為中西食品必須的原材料，早在1900年香港已有一所麵粉廠，名為永昌生熟麵粉房，及後又有多家麵粉廠開業，並生產綠豆粉、糯米粉等不同食材。

本地食品方面，餅食是香港著名的傳統食品。餅食之所以盛行，因它是

嫁娶送禮的最佳選擇；月餅及以酥餅居多的龍鳳禮盒，便是這類用於送禮的餅食。但同時，餅食又是窮苦大眾生活中的一點甜。老婆餅、豬油酥、牛鼻酥、光酥餅、炒米餅、杏仁餅、蛋散、雞仔餅等，時人稱之為雜餅，由於價錢便宜而且可以「散買」，同時又能飽肚果腹，因此深受勞動階層喜愛。而一部分以售賣雜餅起家的餅家，更因為漸受歡迎，得以在百貨公司設置專櫃擺賣。除了中式餅食，香港亦在開埠不久已有西式麵包店，以供應本地洋人之需要，1880年在銅鑼灣開業的連卡佛麵包廠便為其表表者；著名的嘉頓麵包廠則在1926年於深水埗開業。值得一提的是，除了餅家和麵包店外，冰室餐廳，以至酒店亦會售賣中西餅點，向社會不同階層供應新鮮餅點。最後必須一提的是廣受歡迎的食品——雪糕。雪糕最初從馬尼拉入口，價格不菲；直至1920年代，「光寶興」雪糕店開業，開創了本地製造雪糕的先河，漸漸其他相關食品公司亦仿效，發展出不同口味和種類的雪糕，較著名的包括雪糕三明治、紙包雪糕，以及蓮花杯雪糕等等。

除了食品以外，飲料亦是港人生活重要一環。早在1850年代，香港已從荷蘭入口汽水，由屈臣氏、德建等藥房代理發售，因此汽水又被港人稱為荷蘭水；至1928年，可口可樂在港開始發售。除了汽水，牛奶對於時人——特別是來港洋人——亦是生活所必須。而1886年由文遜爵士創立的牛奶公司，便漸漸由售賣牛奶發展成今天的亞洲食品企業。另一間以飲料起家的企業，則是由羅桂祥在1940年創立的維他奶。羅桂祥創辦維他奶的原意是為中國人提供含豐富營養而價格便宜的荳奶，但至1950年代，維他奶公司不僅發售荳奶，更取得美國綠寶汽水代理權，加上引入先進的高溫消毒技術，令產品無須冷藏貯存，令公司漸漸成為香港一大飲料企業；並漸漸擴展至亞洲其他地區。最後，亦必須要一提華人傳統的飲料——涼茶。廣東一帶氣候炎熱潮濕，容易引起熱病，相傳廣州中醫師王吉因而在嘉慶元年（1796）創製了一種專治感冒發熱、積滯喉痛的藥方，亦即涼茶，後世稱之為「王老吉」。1821年，王吉的兄弟來港開店，將涼茶引入本港；其時涼茶對出遠洋的苦力尤為重要，藥方也因此被帶往美國。另一方面，在19至20世紀初，西醫並不普及，涼茶成為華人的治病良方，因而涼茶舖極為普及。這些涼茶舖多為家族經營，守著家傳藥方一直經營。至1970年代，由於西醫漸普及，涼茶舖慢慢被淘汰，而留下的涼茶舖則開始轉型為售賣健康食品、飲品，例如草本健康飲品、龜苓膏、甜品、茶葉蛋等；又推出包裝式的涼茶飲料、沖劑，以配合現代人需要。

個案研究 ｜ 一

「因客制宜」照顧
全民快餐店的故事

大家樂

怎樣迎合不同客戶的
飲食習慣和餐飲需求？

食肆如何持續
保持及擴大市場佔有率？

咋咋淋

1972 年，大家樂於佐敦渡船街的分店開業。

大家樂與維他奶公司甚有淵源，由同為羅氏家族的羅階祥、羅騰祥、羅芳祥及羅開睦創辦。大家樂是香港本地其中一間最早期的快餐連鎖店，匯聚了中式和西式的餐飲，以快餐的形式及平民的價錢呈現在市場上，利用過往 50 年的時間，將公司打造成一個全港性的跨品牌集團。

◉ ｜建立快餐業的核心概念

1960年代末，羅氏眾多兄弟已55歲，達維他奶員工退休之齡，故他們離開了香港荳品有限公司，各自嘗試不同的創業路向，其中羅芳祥及其太太於1969年在銅鑼灣糖街開設了一間餐廳，命名為大家樂，由兒子羅開福及其太太打理，羅騰祥也會前往幫忙。

餐廳的面積約有1,000平方呎，除了出售一些簡單的食物如三明治和粉麵等等，羅騰祥針對餐廳附近是樂聲戲院和豪華戲院，電影開場和散場的時候都會有大量的人潮經過，他在餐廳門口設置了一個漢堡扒的煎爐，煎肉的香氣吸引了大量顧客。羅騰祥接受訪問時憶述：「我去美國受訓時跟一個小兵做朋友，他帶我去吃hamburger。那人用一個火爐明火燒牛肉餅，嘩！氣味好香啊，一口咬下去，香噴噴的，好爽呀！」在大家樂開業的時候「請一個師傅做牛肉餅，放在鑊上加上洋蔥一起煎，上面裝一個抽氣扇，那些香氣吹出來。就這樣，餐廳一路有生意，效果不錯喎！」這便是大家樂起步的地方，不過讓大家樂確立其業務模式和核心概念，則是餐廳在1972年搬到佐敦道51號。

佐敦道分店建於一所新落成的商業大廈地下，共佔地下、一樓、二樓和

閣樓四層，這間分店奠定了大家樂的三個營運特色，成為後來快餐店的模型。首先，銷售模式的確立，建立了外賣部。佐敦道分店位於九龍區交通頻繁的中間點，鄰近佐敦道碼頭和巴士總站，碼頭有兩條前往港島區的航班，而巴士總站則有前往九龍及新界各區的十多條線路，但餐廳的客流量卻與人流量不成正比，因為節奏急速的路人並沒有時間慢慢在餐廳內進食。於是大家樂將地下的舖面改裝成為了專門的外賣部，出售各式煎炸食物，例如炸雞腿、咖喱角、漢堡包和熱狗等等。簡單的食物讓顧客買完即走，這個做法讓大家樂的生意增加了近一倍。

但若要顧客能迅速地購買便離開，餐廳便不可以在落單後才慢慢製作，必須預先完成了一定的烹飪工序，以縮短落單到上菜的時間，故大家樂第二步就確立了符合顧客需要的菜式和預製生產的過程。各種食物所需的烹調時間都不一樣，所以大家樂要針對快速的人流，制定快速高效率的菜單，簡單易做和可以預先烹煮的食物成為了當時的選擇。執行上，廚房的員工必須在人潮到達前上班，預先將肉類醃好、沾上炸粉、煮熟意粉和薯仔等，並且借用維他奶在1957年推出的熱櫃構思，利用名為「湯池」的不鏽鋼保溫器，在池內裝滿熱水，以電子設備調校溫度，用來將預製的肉類和醬汁以隔水保溫的形式，維持熱度。這些準備功夫做好後，客人落單的時候，便已經可以經過簡單的加工程序直接送出。

最後，在銷售和生產的概念外，大家樂更率先引入美式咖啡廳和快餐室的店內消費模式。1970年代的本地茶餐廳或冰室，客人都是在座位中向侍應點餐，然後由侍應送餐至飯桌上享用，但大家樂為了能夠加快落餐與送餐流程的效率，並且解決樓面侍應的管理問題，採用了自助模式。大家樂用心設計這個流程，將顧客排隊的隊伍分成兩邊，一條先前往收銀機買票，買完票後，前往水吧前的另一條隊領取食物和飲品，然後以托盤將食物帶回座位上進食。初期，顧客對於這一種做法大為不滿，大家樂在安排店員用心地解說之餘，也觀察到讓扶老攜幼的家長或行動不便的人士托著厚重的餐盤在餐廳人流中穿梭，不是上佳的做法，所以其後由全自助服務調整為有需要時提供服務。

直至 1970 年代結束，羅氏也堅持使用「大家樂」的名

1975年，中環雪廠分店開業，加入外賣飯盒，吸引大量上班族光顧。

稱，並沒有定性其為冰室、茶餐廳和快餐廳。但上述三個核心的營運概念，成為了大家樂發展至今的運作骨幹。

◎ | 攻陷不同的消費族群

　　大家樂在1974年開始擴展，兩年間於旺角、灣仔和中環三個地方開了店舖，但是旋即面對了新的挑戰。佐敦道店舖的模式和產品都是照顧一些比較草根階層和急忙於通行的食客，但中環雪廠街是1970年代香港的金融核心地帶，顧客主要是一班商界的精英，消費需要和習慣與大家樂以往的客戶並不相同，令雪廠街分店在開業的時候，面臨門可羅雀的困局。那時候大家樂的餐點款式有限，早餐只有簡單的粉麵和奶茶供應，部分分店連三明治也沒有；午市則以燴意粉和扒類食物為主，沒有任何飯類的產品。有見及此，大家樂知道需要從餐單上改革，推出符合中環精英飲食文化的產品，雪廠街的分店負責人親自帶領員工到文華酒店「取材」，試吃他們的三明治及所用的配料，後來就在大家樂推出了燒牛肉、燒雞肉、吞拿魚等餡料的自製三明治，立刻得到了顧客的迴響，每天差不多可以賣出350份。之後他們再聘請了高級西餐的廚師擔任大廚，設計和改良出一系列的平民化西餐食品，包括匈牙利牛肉飯、砵酒燴牛舌飯等。飯食的產品本身在大家樂已是一種創舉，他們還加入了外賣飯盒的全新元素。他們仿效佐敦道總店的做法，將雪廠街店的地面建成外賣和企位堂食的空間，利用小型電梯將食物由地庫的廚房運送到地面；與佐敦道不同，中環的顧客大部分並非處於通勤之中，他們以午膳的需要為主，所以雪廠街分店並非出售小食類型的食物，而是一個完整的午餐飯盒，顧客可把飯盒帶回辦公室或附近公園食用。這個銷售的方式對於中環精英來說又是一個十分便利和吸引的模式，過了一年的時間，到大家樂買午膳的外賣飯盒已經成為了一種常態習慣，生意之佳，令員工描述當時的情況為「見手不見人」。雪廠街的分店項目，透過改良餐牌和引進新式的銷售模式，以快速的形式，出售高質素的食物，攻陷了上班族的消費族群。

　　隨著分店的擴張，維持食品生產效率和產品一致性，成為了大家樂重要的任務。1979年，大家樂設立了中央採購制度，並且在油塘工業中心建成了

中央廚房。全部分店的食材都由中央廚房統一購買及檢查質素,廚房內則有雪房、手動切肉機和蒸氣鍋爐等設備,其後的工序主要是預製醬汁和將肉類解凍及切好,之後便將初步處理好的食材送到各分店之中。然而,食物採購、處理、初步加工,只是一個食材質量保證和流程效率提升的做法,食品的創新和食品的味道,依靠分店中每一位廚師的能力及手藝,大家樂也在標準化與人性化之間,作出平衡。一方面,他們將大家樂現有的產品製成了一個總菜單,每項食品也有相應的製作方程式,派發給各分店的廚師依照菜譜烹調;另一方面,分店的大廚也有一定的自由度,可以因應需要而在總菜單以外,加入新穎的菜式。大家樂的管理層鼓勵各分店之間的良性競爭,定期公布各分店的營業額和盈利率,作為鼓勵廚師力求上進,創作新菜式的動力。例如大家樂在中環干諾道中47號的第二間分店,為了與雪廠街的第一分店競爭,他們在常見的腸仔蛋早餐外,設計了豬肉腸早餐,將腸身煎至爆裂後,加入球狀的薯蓉和洋蔥汁,吸引了一大批客人。隨著分店的快速擴張,1984年大家樂將中央廚房搬遷到大角咀一個更現代化和更高機械化的工場之中。

1980年代,大家樂把另一條戰線設置在屋邨之中,1983年開始進入大型屋苑的商場,1984年進入新界的新市鎮,在柴灣環翠邨、黃大仙下邨、屯門山景邨等地方開分店。這些地區的特色為以中產家庭顧客為主,而且黃金時段有別於商業區的分店,屋邨食肆的黃金時段在晚市,在越偏遠的新市鎮,出外用晚膳的需求越大。在這個環境中,平民化的高級西餐、小食和外賣飯盒都不適合居民的晚膳需要,屋邨的食客需要更家常的感覺,最好有白飯、菜、湯和一杯熱茶,所以在1985年,大家樂再次在餐單上作出突破,研發中式套餐。1980年代,大家樂推出了京都肉排、菠蘿生炒骨、鹹蛋蒸肉餅等中菜;1990年代,開始有枝竹羊腩煲、北菇臘腸滑雞煲等煲仔菜;之後還在秋冬時節推出一人火鍋套餐。這些新菜式,剛好滿足到屋邨食客的口味和需要,攻陷他們的味蕾。

◉ | 發展多元化的商業模式

由1969年創業至1980年代中,大家樂都專注於其自身餐廳業務的單線發展。1986年,大家樂在香港聯合交易所主板上市,並且開始探索更多元化的業務,擴大大家樂的業務範疇。

包辦機構飲食是大家樂在營運餐廳以外的第一個嘗試。1986年的時候,香港童軍總會舉行「香港鑽禧大露營」,在西貢的斜坡上舉行六天的營會,可是沒有任何食品供應商願意連續六天供應5,000人的伙食,大家樂本著不妨一試的心態,在帳幕中以石油氣爐煮食,成功完成了這個任務。這次成功

大家樂在中央廚房烹煮食物後，再將食物送至學校或機構。

大家樂在大埔設有中央產製廠。

讓大家樂確認這方面的業務潛力，當時很多傳統的華人機構都有為員工「包伙食」的文化，如果公司沒有地方容納廚房的話，便由老闆請食品工場每天供應公司的飲食，那個年代還沒有一些壟斷全港的飲食集團，所以機構飲食對大家樂來說大有可為。他們首先接獲女青年會的飲食服務代理生意，之後競逐香港理工大學的校園膳食，並且成功投標。

從機構飲食的業務模式中，大家樂再衍生出更為專門的學童膳食服務。1999年，大家樂推行「活力午餐」的中央生產飯盒計劃，利用10,000平方呎的空間生產學童的午膳飯盒。大家樂從荷蘭引入相關設備，採用速涼烹調技術，在中央廚房煮熟食物後，用速涼機器，在90分鐘內將食物降溫至攝氏四度以下，再放入冷藏庫保存，翌日早上分送到各區中心加熱，然後送到學校。與新鮮烹調相比，這個做法可以更為彈性地生產。另外，活力午餐亦會提供現場分飯服務供學校選擇，白米在學校現場煲製，蔬菜清洗乾淨後由駐守學校的員工即時灼熟，以免菜葉變黃；預先煮熟的醬汁和肉類，在蒸櫃中即場加熱後上菜，學生可以按需要享用合適分量的午餐。大家樂還在2002年聘請了營養師設計餐單，使活力午餐的食物營養更為均勻豐富，直至2019年，大家樂高峰期每天生產高達90,000個學童午膳飯盒。

最後一方面，大家樂現在是本港一個綜合性的集團，擁有快餐和休閒餐飲兩條路線的品牌，除了大家樂，集團旗下還有多家本地知名的食肆。大家樂本著「不熟不做」的原則，在進佔快餐以外的飲食範疇時，以收購的形式進行。由1999年起，他們收購了超群快餐（即現時的一粥麵）、意粉屋、利華超級三明治（即Oliver's Super Sandwiches）。這一系列的收購涵蓋了中式

和西式的各式餐廳，大家樂透過收購學習到目標公司的經驗與技術，豐富了大家樂本身的能力，他們之後開創了米線陣及上海姥姥兩個自家品牌。多品牌的策略讓大家樂可以進佔更多市場的佔有率，以不同品牌吸納不同喜好的消費者，讓大家樂集團持續成長。

在大家樂50年的歷史中，以核心概念去營運和擴展分店，成功克服了不同類型和地域的限制，將分店開遍全港九新界，並且在近年將品牌與業務多元化，提升集團的競爭力。

TAKEAWAY

以三項核心概念，調整公司對不同食客的策略

大家樂在發展的歷程中，建立了銷售模式、生產模式和消費模式的鐵三角概念，應用在新地區設立分店的時候，因應食客消費的習慣與需要的差異，只要在這三者之中作出調整，便能夠找出分店應該改革的方向。

如大家樂在中環雪廠街開設分店的時候，原有的食物並不適合中環精英的午膳期望和需要，開張的時候生意冷淡。所以分店的員工重新研究食品，推出了一系列內餡精緻美味的三明治，並且首創了大家樂的飯食，再設立了全新的外賣飯盒制度，讓在中環上班的員工在午膳時可以購買燴意粉和客飯回到公司和附近公園食用，正正符合了中環上班族的需要。

鬆緊有度，管理產品品質與給予發揮空間

在分店網絡擴大之後，大家樂設立了中央廚房，擔任集中採購和食材處理的步驟。在標準化的同時，大家樂仍鼓勵廚師創作新菜式，保持集團的活力，在統一與自由之間，取得完美的平衡。

大家樂於1979年在油塘設立中央廚房，主要負責食材檢測、醬汁烹煮，肉類解凍及切塊的工序，準備好的食材便運到各分店烹調。同時編寫了總菜單，讓各分店的廚師依據總公司的方法烹調食物。但總公司為廚師保留了自由發揮的空間，廚師可以在總菜單以外，按環境需要創造全新的菜式，並且鼓勵各分店之間良性競爭，透過定期公布各分行的營業額和盈利率，提高廚師們創作的動機。

探索多元化業務模式，多方位擴大市場佔有率

大家樂的本業是快餐店，在1986年上市後開始接觸不同的業務模式，以此增加集團的收入；並且藉著不同的業務經驗，壯大大家樂自身的食品生產、市場營銷和品牌推廣能力。

大家樂在1980年代末開始承包機構的餐飲服務，華人企業有為員工「包伙食」的習慣，借助當時香港未有壟斷性飲食集團的情況，搶佔一個市場上的大機遇，成功投標後確保合約期內有一筆穩定的收入。到1990年代末，大家樂再以「活力午餐」主攻中、小學的學生午膳承包業務，利用獨立的廠房和速涼烹調技術，為學生提供健康、衛生的午餐膳食。最後，還收購香港中、西式不同品牌餐廳，學習不同菜系的烹調技術，並且以不同的食品線，吸納不同客戶，壯大大家樂於香港的市場佔有率。

個案研究 ｜ 二

百年醬料家族企業

李錦記

如何把中式醬料生意
做成家喻戶曉的
國際化企業？

132 年的家族企業
如何實現
持續發展和傳承？

李錦記自 1888 年創業，擁有超過 130 年歷史，圖為中期店舖的面貌。

1888 年，中國廣東省珠海南水經營小茶寮的李錦裳，一次在煮蠔時意外地發明了蠔油，由此開啟了李錦記醬料王國的百年傳奇。1902 年，一場大火把李錦記蠔油莊燒毀，為了恢復家業，李錦裳舉家遷往逐漸成為區域蠔油市場中介點的澳門。1932 年，家族第二代李兆南將經營重心轉到已經成為國際轉口貿易港的香港，迅速擴展海外業務。

李錦記的第三代李文達在廣州和澳門自行創業取得不俗的成績後，於1954年加入家族企業，1972年全面掌管公司，帶領李錦記改革蛻變。時至今日，李錦記在香港、廣東新會及黃埔、馬來西亞吉隆坡及美國洛杉磯有五個生產基地，200多款產品銷售至全球100多個國家，成為一個家喻戶曉的百年家族企業。

TIMELINE

1888
李錦記創辦人李錦裳發明蠔油，創立李錦記蠔油庄。

1902
李錦記蠔油庄遷往澳門

1920
李氏家族第二代李兆南接手管理家族業務

1932
李錦記總部遷往香港

1972
李氏家族第三代李文達出任公司主席

1980
李氏家族第四代加盟，帶領企業邁向現代化。

1988
李錦記成立 100 周年，推出全新商標，並將總部遷入香港大埔工業邨

1991
李錦記美國洛杉磯廠房啟用

1996
李錦記在廣東省江門市新會區面積達 1,000 多萬平方尺的生產基地啟用

1997
李錦記馬來西亞吉隆坡廠房啟用

1998
李錦記廣東省廣州黃埔廠房啟用

2012
李錦記成為中國航天事業合作伙伴，先後成為「神舟九號」、「神舟十號」及「神舟十一號」航天員食用醬料。

2016
李錦記醬料集團中國銷售總部於上海徐匯區的「上海李錦記大廈」正式啟用

2020
李錦記醬料集團位於鄰近廣州高鐵南站的「廣州南站李錦記大廈」舉行平頂儀式

李錦記在慶祝創業 100 周年之際，將總部遷往大埔，同年推出全新企業商標，象徵公司以醬料及調味品作橋樑，促進中西飲食文化交流。

◉ ｜ 策略性的市場拓展

在20世紀的上半葉，香港的社會消費水準不高，因此李錦記採取了以海外市場為重心的市場策略，主力發展北美市場，這種看似「捨近求遠」的市場策略與李錦記強調產品質素、堅持生產高檔蠔油有關。當時李錦記的蠔油只有「舊庄蠔油」這一款，品質上乘，價格昂貴，香港一個普通人的月收入僅夠買五、六瓶「舊庄蠔油」，用李文達的話來說「只有華僑買得起、吃得起」。而開拓海外市場的運輸成本不菲，所以高級商品更有競爭優勢，因此李錦記首先奠定海外市場，到了20世紀後期才開始進入大中華地區。

1970年代前，李錦記在海外的銷售主要依靠作為中介的商行，沒有自己的銷售網絡，不能直接接觸海外市場，各方面受制於人。1972年，李文達掌舵李錦記後，決心擺脫商行的壟斷，建立以李錦記為本的銷售體系，直接打進北美市場。他明白輕舉妄動會有很大風險，深思熟慮後，他選擇另闢蹊徑，利用平價蠔油的大市場需求，搶佔更大市場的銷售網絡。於是他推出了價錢較大眾

化的「熊貓牌」蠔油，並且親赴美國了解行情，大膽採用「先賣後付」的市場推銷策略，先出貨給區域代理和商店、超市，待售出後才付款，提升對方銷售李錦記商品的積極性。「先賣後付」的方法對於小商戶很有吸引力，李錦記逐漸建立起北美的客戶關係，從而有了更多的主動權，能及時掌握市場行情、調整貨品定位和準確的規劃生產。

◉ ｜ 品質追求

李錦記對產品質量一直堅持高標準，堅守「100–1＝0」品質管理理念，對質量絕不妥協，更不斷改良產品品質。1970年代開始直接面向市場，貫徹以市場為導向的經營理念後，李文達將原先的品質保證部門獨立出來，專門成立了20多人的研發部門，以加強產品研發的力度。李錦記對生產設備的投資毫不吝嗇，保證所有產品都達到嚴格的衛生標準及優質的生產規範要求。由於不同國家的食品進口條例及標準都有差異，所以李錦記的產品以保證高於所有國家的進口標準作為生產指標，早於1995年，李錦記已成為全港首家榮

獲香港品質保證局領發「ISO 9002證書」的食品製造商。

　　李錦記的蠔油早已是業內翹楚，市場佔有率令競爭對手望塵莫及。但李文達明白，若要開拓更大的市場，進一步壯大企業，必須生產其他的調味品，而眾多中式醬料中普及度最高的當然是醬油。1990年代，李文達開始嘗試進軍醬油領域，秉承對品質的嚴苛追求，他找到廣州華南理工大學食品學和機械專業的教授們，協助設計醬油廠房。廠房建成前，他先買下香港本土的一個小醬料廠，給教授和研發小組成員用來實驗生產流程，成功後再搬到內地的新廠房。2013年，李錦記購入世界最先進的日本全自動化醬油製麴設備，進一步提升品質的同時也提高了產量。

◉ | 品牌形象的建立

　　李錦記一直注重品牌形象，堅持產品的包裝與品質一同改良和進步，而且會因應市場的需求而轉換包裝。剛加入李錦記的時候，李文達在眾多家族成員中沒有多少話事權。當時李錦記無論在產品、市場，還是管理方面，

都還停留在較為傳統保守的營運模式。儘管如此，李文達不願安於現狀，盡可能作出改善。1960年代，他親自設計了李錦記的新商標和包裝，令品牌形象更加突出。接掌公司之後，李文達更加注重品牌建立，在1970年代想藉平價蠔油開拓市場時，正好趕上美國總統尼克遜訪華，中國送出兩頭國寶大熊貓作為國禮，正在苦苦思索如何在美國擴大市場的李文達靈機一動，將平價蠔油命名為「熊貓牌」。美國人原本沒有吃蠔油的習慣，也沒見過熊貓，他想借助中美外交的重大突破，或許能讓蠔油和熊貓一同在美國札根。

　　然而李文達的提議卻遭到了家族成員的反對，他們認為動物是不可能做食品招牌的，但在李文達的一再堅持下，「熊貓牌」蠔油還是在美國上架了。他親自去美國華人超市觀察市場反應，發現黃色的外包裝被淹沒在琳琅滿目的貨架上，他直接在美國電報給香港，要求把包裝改為紅色，令新產品更加醒目。1980年代末，李錦記更花費20多萬美元，聘請曾為美國聯合航空及花旗銀行設計公司形象的美國著名設計公司重新設計李錦記的品牌標誌，改原本傳統中式風格為簡約現代的圖案，更加符合時代與國際接軌。品牌形象建設和品牌推廣早已成為李錦記的一項長期策略，令到「李錦記」品牌在全世界深入民心。

◎ | 家族企業的可持續發展

　　如今李錦記第五代已經加入到家族企業的管理，經歷過兩次危險的分家

李錦記的調味產品多樣，曾以「名廚的好幫手　主婦的好朋友」為廣告口號，展現出同時針對餐飲業及家庭主婦市場的策略。

舊庄特級蠔油是李錦記最經典的產品，以上等鮮蠔製造，可用於醃味、芡汁、蘸食或煮炒菜式。

事件後，2002年李氏家族成立了家族委員會，作為家族溝通的平臺和決策機構，並制定了家族憲法，作為家庭委員會的基礎。家族憲法主要規定了股權的繼承和轉讓，家族成員的僱用，董事會、家族委員會與管理層的角色分工等。此後，整個家族每三個月召開一次為期四天的會議，一起討論公司業務，分享家庭生活近況。

家族憲法也涉及到接班人的培養，例如必須在家族外的公司工作三至五年，才能進入家族企業，且應聘程式、入職崗位、入職後的考核與非家族成員相同。

過去的131年裡，李錦記經歷過多次危機，最終都化險為夷，甚至危中見機，從困境中進一步壯大。最近的半個世紀，在第三代李文達的領導下，李錦記發展為國際化的大型企業，同時還建立了現代化家族企業管理模式。俗話說：「富不過三代」，這個即將傳承到第五代的家族，卻正在創造一個家族企業永續經營的神話。

TAKEAWAY

有策略的進行市場拓展

李錦記在拓展海外市場上表現出很強的策略性，用不同定位的產品來匹配市場策略。

李錦記早期生產的高端蠔油，價格昂貴，相對出口海外更有競爭力，因此首先開發海外市場，之後才逐步拓展本地和內地市場。而為了建立自己的銷售管道，不與商行發生直接磨擦，李錦記推出平價蠔油，從而搶佔海外大眾市場，逐步擺脫對商行的依賴。

對品質的嚴苛追求

李錦記一直堅守「100-1＝0」品質管理理念，不斷改良產品品質。

為了生產醬油，李文達找到專家協助設計醬油廠房。廠房建成前，他先買下香港本土的一個小醬料廠，給教授和研發小組成員用來實驗生產流程，成功後再搬到內地的新廠房。嚴格的生產規範和品質監控，令「李錦記」成為全港首家榮獲香港品質保證局頒發「ISO 9002證書」的食品製造商。

現代化家族管理模式

2002年，李錦記家族成立了家族委員會，作為家族溝通的平臺和決策機構，並制定了家族憲法作為家族委員會的基礎。

家族憲法主要規定了股權的繼承和轉讓，家族成員的僱用，董事會、家族委員會與管理層的角色分工等。此後，整個家族每三個月召開一次為期四天的會議，一起討論公司業務，分享家庭生活近況。

重新創業的
百年椰糖

————

甄沾記

百年品牌停業後

如何重新再來？

斷層之下

如何令老字號

煥發新生？

現在的香港年輕人大多沒聽過甄沾記這個牌子，但這三個字在阿公阿婆一輩幾乎是人人皆知，甄沾記椰子糖是很多老一輩香港人在那物資匱乏的年代少有的香甜的回憶。

1915年甄沾記創辦人甄倫立開始製作椰子糖及雪糕，靠沿街叫賣慢慢有了名氣。1940年代，他以「甄沾記」為名在堅道65號開設首家門店，樓下是舖頭，一家人住樓上，地庫用來生產。1950年代，甄倫立獨子甄彩源接手生意，隨後在黃竹坑建廠，1958年建成高五、六層的工廠，是該區最有規模的廠房，約30名員工負責龐大的生產線。當時的椰子都從馬來西亞進口，新鮮椰子打開榨汁後，剩下來的椰殼用來當柴燒，提供給鍋爐、熱水和生產之用。1970年代，工廠由半自動化改成全自動化，由甄彩源長子甄國鍵主理生意，產量大大提升，全盛時期供貨給香港的每一家超市，並外銷到美國、加拿大及臺灣。1990年代，黃竹坑的工業用地改變規劃成寫字樓，政府大力推動無煙工業，令當時擁有全黃竹坑最大型鍋爐的甄沾記頗受打擊，於是決定北上番禺開廠。番禺廠房在運作後因各種環境因素，而導致甄沾記在2006年全面停產，富有歷史的品牌就這樣停下來了。

◎ │ 九姑娘重啟家業　立新不破舊

甄沾記倒閉後，在家中排行第九的甄賢賢（Evelyn）去了美國，然而她心中一直放不下這三代人的心血，一邊在美國上班，一邊跟馬來西亞和香港保持聯繫。2011年，Evelyn返回香港，想要重啟家業，大哥甄國鍵早已退休，十兄弟姊妹中只有八姐可以與她一試。幸運的是早年的人情味並沒有因為時間而消逝，重新創業的她得到各方相助。當年工廠的老師傅主動幫忙恢復椰子糖的百年配方，還與她一同到馬來西亞找工廠生產。已經定居海外的老員工也主動聯繫Evelyn，並通過網絡出謀劃策。Evelyn 在2011年第一次參加工展會時，父親的故友通泰行借出攤位給訂不到攤位的甄沾記寄賣，更有眾多市民認出甄沾記的招牌而過來支持，進而堅定了Evelyn的重振品牌的信念。

甄沾記在本港擁有超過100年歷史，圖為堅道店舖的舊照。

1915

甄倫立開始製作售賣椰子糖

1940

甄沾記在堅道 65 號開店

1958

黃竹坑工廠建成，大量生產。

2006

甄沾記停產

2011

甄賢賢返港重啟甄沾記

甄沾記的傳統糖果盒及包糖紙。

香港中式食品 — Hong Kong Chinese Food

　　重新營業的甄沾記開始一邊恢復過去的主打產品，一邊推出新產品吸引當代消費者。最先恢復的產品自然是有著百年歷史的椰子硬糖和軟糖，其後又陸續推出了七種不同口味的椰子糖，包括近期為了迎合年輕人口味特意開發的海鹽味和薑味椰子糖。除了椰子糖，甄沾記還推出了椰汁蛋卷、椰子和芒果雪糕、雪條、罐裝椰汁，以及新年期間特有的年糕和花生糖，但這些僅佔過去甄沾記產品門類的十分之一。

　　每款產品的推出背後涉及尋找合適的生產方、調整配方、品質達標等很多工作。小小一顆椰子糖的製作工序其實很繁複，新鮮椰子要剝殼、刨皮、榨汁，全部自己處理，經過很多工序做成原材料後，再加工成不同的產品。甄沾記向來選材講究，使用的是馬來西亞成熟的棕色老椰子，而不是椰青，並且熬煮時間較長，所以味道更為濃郁，不加防腐劑或添加劑。儘管生產已經機械化，但生產過程做不到完全標準化，需要師傅根據顏色和經驗去控制溫度、容量等。為了盡量保持傳統工藝，甄沾記重新推出的椰子糖全部在馬來西亞的工廠生產，其他產品分別在不同國家製作，例如罐裝椰汁產自泰國，蛋卷在澳門製造，年糕、雪糕在香港製造。

　　重新啟航的甄沾記每一步都走得小心穩妥，每年只增多一款產品，並且要先確定市場接受度。例如推出蛋卷時，考慮到了現在生產蛋卷的品牌眾多，競爭異常激烈，但調查發現做椰汁蛋卷的不多，這成了甄沾記的獨特之處，可以從小眾市場入手。每年的美食展甄沾記都會帶來新的產品用於測試市場，根據得到的回饋釐定當年推出的產品。

甄沾記的硬身及軟身原味椰子糖是他們最經典的產品。

◉ 品牌形象革新

為了令更多人尤其是年輕一代重新認識甄沾記，Evelyn找到設計師Keo Wan重新打造品牌形象。Keo有著豐富的設計和品牌包裝經驗，曾創立過兩家設計公司並被上市公司收購，現在成立了第三家公司，與很多國際知名品牌有廣泛的合作。Keo幫助甄沾記做的第一個項目是為參加福建的一個展覽會重新包裝椰汁年糕。甄沾記在廣東以外地區沒有知名度，Keo於是設計了紫色和風包裝而不是沿襲傳統風格，醒目的外包裝迅速吸引了很多人購買，儘管人們並不了解甄沾記這個品牌。這也讓Evelyn大受啟發，開啟了與Keo的長期合作，2019年Keo同時獲得Asia's Most Valuable brand Award的Best Creative Designer of the Year，肯定了Keo在品牌定位上的成功，亦將甄沾記慢慢打造成香港手信品牌。

盡量保留品牌傳統特色的同時，Keo會根據不同的場合和目標客戶為產品設計不同風格的包裝。同樣的產品，超市的包裝和快閃店的包裝各不相同。不同時段的設計也有區分，譬如過年的時候會推出紅色大包裝的椰糖禮包，而平時則是100克的小包裝。Keo非常了解不同客戶群的偏好，每年工展會的客戶年齡層相對較長，他會對應的選取更多傳統元素；而在創意中心元創方銷售的產品，因為受眾以年輕人和文藝群體為主，包裝也會設計得更年輕化。

甄沾記重新設計包裝，黑底金字設計吸引年輕人。

在椰子糖以外，椰子雪糕亦是甄沾記的經典產品，口感順滑，椰香和奶香味相得益彰。

Yan Chim Kee

Address: 65, Caine Road, Hong Kong.

Product: Cocoanut Candies

Brands: "Cocoanut Palm & Ice Cream Freezer"

甄 沾 記

出品椰樹及雪桶牌椰子牛奶糖

設於香港堅道六十五號。

圖為甄沾記早年的宣傳刊物，以椰子樹為背景，向消費者推銷椰子糖及椰子雪糕。

甄沾記與新潮茶葉品牌「OR TEA」聯合推出「蛋卷或茶」禮盒套裝，以茉莉、伯爵和南非茶三種茶葉，配搭甄沾記的椰露蛋卷，為消費者帶來驚喜。

◉ │ 建立銷售網絡

　　銷售方面，Evelyn最初嘗試通過代理商幫忙賣貨，後來發現大家的經銷理念、市場策略不一致，於是她和姐姐決定自己建立銷售網絡。沒有代理商之後，Evelyn不僅要解決倉庫、物流的問題，還親自擔任銷售員，一個一個給客戶打電話。目前甄沾記的銷售管道基本穩定下來，固定銷售點大致可分三類：一類是SOGO、City Super這樣的針對高端客戶的超級市場；另一類是永安、八珍這種更多年長客戶光顧的地方；第三類則是針對遊客和旅客的銷售點，如機場、高鐵站、昂坪360等。甄沾記通過不同類型的銷售點，逐步打開不同類型的客戶市場。除了這些固定的銷售點外，Evelyn也不斷通過快閃店（pop-up store）的形式在不同的場合推銷產品。

　　Keo Wan曾投資在誠品書店開甄沾記的專門店，創造專門店路線產品，引來極大迴響，幫助甄沾記吸引海外地區的注意，有韓國、日本的客人在誠品吃到甄沾記的產品後，將甄沾記放上了海外的旅遊雜誌，甚至有外國遊客慕名找上門來。

　　除實體店外，甄沾記還授權了本地網上平臺士多（Ztore）進行網上銷售。除了發展本地市場外，甄沾記還盡量研究海外銷售的可能性，例如將貨品擺上美國Amazon網站。

　　甄沾記經常與其他品牌跨界合作推廣品牌，例如與OR TEA共同推出禮盒，裡面是甄沾記的蛋卷和OR TEA的茶葉。跨界合作時，Keo發現搭乘近年本土潮流用紀念品的方式推廣品牌有著意想不到的效果。2017年，甄沾記復刻了1950年代、1980年代出產的陶瓷雪糕杯，懷舊精美的500套杯子三天內售空，而且很多是年輕人購買，他們購買雪糕杯時順便試吃甄沾記的產品，例如蛋卷和新推出的椰子脆片，又順便買了甄沾記的食品。復刻雪糕杯成功之後，甄沾記又與車模品牌Tiny微影合作復刻迷你雪糕車，再次三日內售空。這類跨界合作今後還會越來越多，甄沾記希望能通過不同類型的產品、設計及社交媒體去逐漸滲透，令越來越多人認識這個品牌。

　　八年來Evelyn和珍視甄沾記這個百年品牌的人們一路不斷嘗試，不斷創新，一點一滴重新建立品牌，甄沾記的椰子夢還在繼續。

TAKEAWAY

保留傳統不斷創新

　　甄沾記盡量保留傳統工藝，恢復以前的主打產品，同時開發新的產品和口味，迎合現在的消費人群。

　　重新推出的椰子糖遵循傳統，選擇馬來西亞新鮮成熟椰子，在老師傅的指導下於馬來西亞的工廠生產。除了有百年歷史的硬糖和軟糖外，還推出了新的口味，例如海鹽味和薑味，受到年輕客戶群的歡迎。

包裝設計增添品牌價值

　　再次開業的甄沾記重新包裝產品和品牌形象，保留傳統元素的同時，令品牌更具時代感，設計創新為甄沾記吸引年輕客戶，重新打開市場。

　　設計師Keo Wan根據不同的場合和目標客戶重新包裝甄沾記的產品，例如為參加福建展會設計的包裝，考慮到甄沾記在當地缺乏知名度，選擇了醒目的紫色和風感覺的包裝，令年糕在展會上大賣。

周邊產品推廣品牌

　　甄沾記與不同品牌合作，推出食品及其他類型的周邊產品，通過復刻過去的生活用品，回應人們的懷舊情懷，為品牌帶來新的客戶群。

　　甄沾記復刻1950年代、1980年代的陶瓷雪糕杯，受年輕人歡迎，500套雪糕杯在三天內售空，令更多人認識甄沾記的同時，也一併售出主打的食品。

個案研究 ｜ 四

改造傳統飲品
成為潮流經典

鴻福堂

Taste of Herbal Wisdom

如何讓一個夕陽的產業
重新成為潮流？

怎樣從傳統經營模式的
局限中突破？

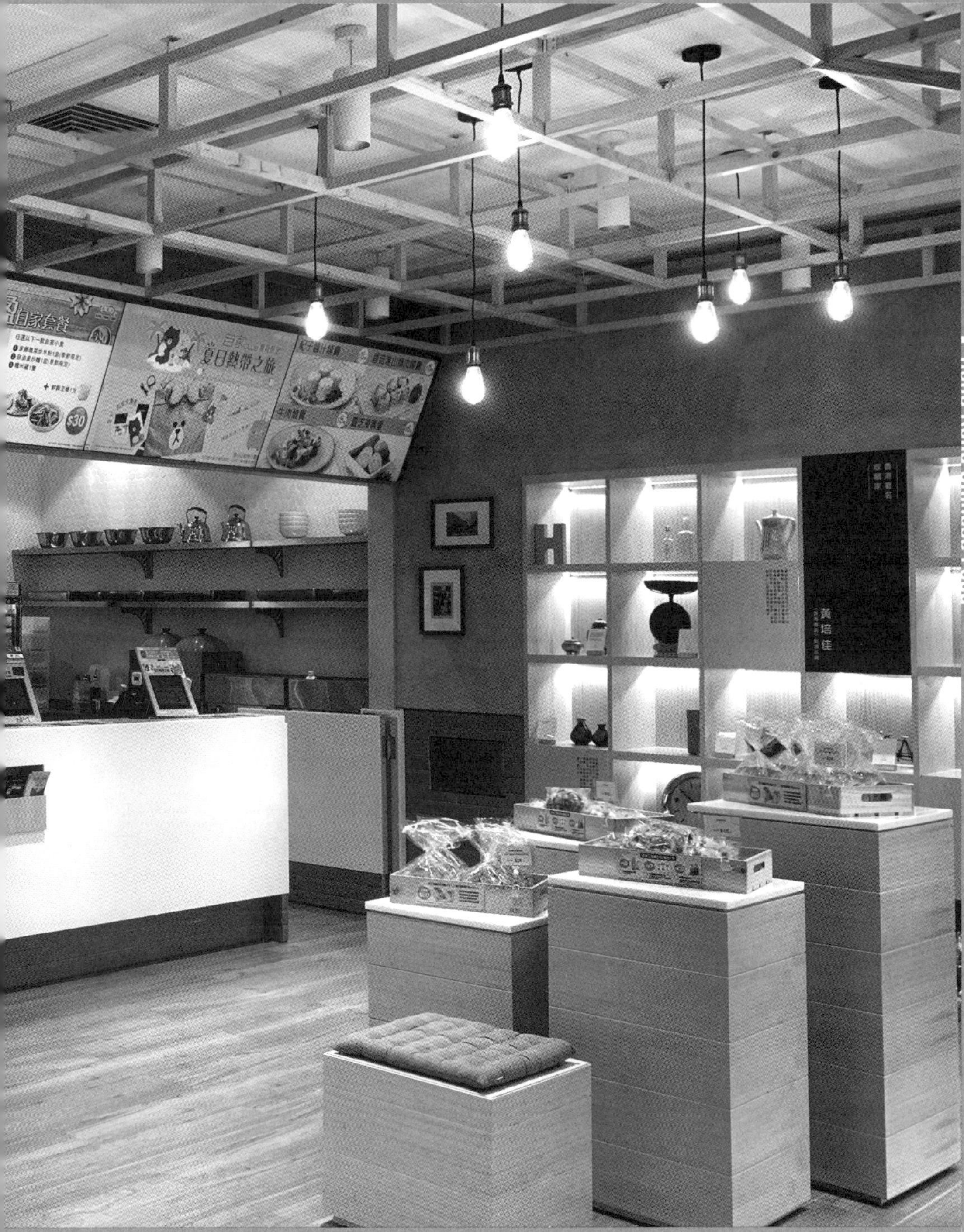
夏日熱帶之旅
$30
黃培佳

鴻福堂推出多元化產品，除涼茶飲品外，還加入了不同的湯品、多款非本草健康飲品和小食等。

謝寶達（Donald）本來為父親打理廚具生意，但在 1986 年，他因工作認識了葵涌鴻福堂的創辦人黃正發老先生，為他設計廚房的不鏽鋼廚具，並遊說他一起拓展鴻福堂。Donald 毅然參股，這可說是一個十分大膽的決定，因為普遍認為傳統涼茶舖在 1980 年代已是一個式微的行業。

◉ | 傳統涼茶舖的面貌及限制

1980年代的傳統涼茶舖在顧客的產品體驗和經營模式幾方面，都漸漸失卻競爭力。那時的涼茶舖大多是以簡單的前舖後廚房形式經營，舖前一人賣涼茶和洗碗，後廚一個師傅煮涼茶，便已經可以做生意。廚房通常有一個煲來煮龜苓膏，另有一、兩個煲用來煮涼茶，由於一個煲只可以煮一種涼茶，而廚房的面積往往有限，所以Donald憶述當時涼茶舖的涼茶款式都不多，基本上就是「五大羅漢」：龜苓膏、廿四味、菊花茶、蔗汁和椰汁。煮好的龜苓膏會先分別盛進一個個瓦盅裡，再放在一個大鼎裡賣；涼茶則倒進一個約一米高的大缸售賣，其下有文火持續熬煮，賣一兩天也不會變壞，因此涼茶舖基本上每天也是賣著差不多的產品。而提到前舖的運作，Donald描述那時候的畫面：「你有沒有發覺以前的涼茶檯只擺放幾隻瓦碗，顧客來到便拿起來飲，旁邊有一個洗碗盆，店員把用過的碗隨便沖洗一下，又重新放到枱上斟涼茶，早期就是這樣的做法。」隨著社會的教育水平提升，這種做法讓很多顧客覺得不衛生，飲涼茶的風氣也慢

1986

創辦人黃正發創立鴻福堂，經由廚具生意認識謝賣達，兩人成為合伙人。

1988

設立中央生產設施，將分店拓展至港九新界。

1990

引入特許經營模式，邀請加盟店。

1997

研發涼茶入樽開展批發業務，提高產品便攜性。

2006

推出「自家」食品系列，包括湯品、甜品及小食，將品牌發展成涵蓋各類健康食品的現代化企業。

2014

於香港聯合交易所主板上市

2015

香港廠房由荃灣遷至大埔

2016

開設「鴻福堂 Online」網購平臺

2019

廣東省開平市的新廠房正式投產

慢淡化，年輕人更覺得涼茶屬於老土之物。Donald指出傳統的涼茶舖很多都是家族式經營，店舖需要由家族裡的人駐守，下一代都是遵從上一輩傳下來的做法，行業裡並沒有出現太多的變革。但與此同時，在1973至1980年間，肯德基、麥當勞和漢堡王等外資連鎖餐廳先後進入香港；太古集團收購香港汽水廠後，在1970年代引入樽裝可樂、雪碧、芬達和玉泉忌廉味梳打等一系列外國飲品，風行一時，傳統涼茶的吸引力相比之下大為遜色。

但Donald卻選擇在這個時候加入涼茶行業，因為他認為涼茶是一門有利可圖的生意，而且他並不滿足於只精通涼茶的配方與熬製技巧，他承諾黃老先生要「將鴻福堂打造成全香港街知巷聞的品牌」，並且尋找非傳統的做法去改造涼茶行業。他在觀察本港的其他行業時，得出了業務發展的靈感，透過其工程的背景和大膽的嘗試，推動了中央廚房和特許經營這兩項重要變革。

◉ | 設立中央廚房　革新涼茶業生產流程

1986年，Donald在深水埗開設第一間分店時，便開始思索如何解決開分店遇到的問題，他觀察到對面的麥當勞，這促使他忽發奇想：他想跟麥當勞一樣把分店開遍全世界，而麥當勞能夠做到的關鍵，是因為它有一個生產力充足的中央廚房，解決了每間分店皆需要師傅照顧廚房的問題，同時能使質量較統一，更可減少每間店舖的廚房面積，節省舖租支出。三個月之後，當屯門市廣場的第三間分店開張後，他立刻著手開設鴻福堂的中央廚房，他在葵芳的山邊以8,000港元月租一個1,200平方呎的舖位，包含了雪藏庫、貨倉、寫字樓和中央廚房，利用他以前從事廚房設備業務的經驗，親自設計和建立中央廚房。

Donald表示涼茶的好壞主要受配方和火路兩個關鍵因素影響，需先用大火煮滾涼茶，之後以慢火慢慢煲，並且越開越細火，才能煮出回甘生津的涼茶，否則便會「辣脷」，飲不到草藥的香味。於是，Donald結合自己煮涼茶的

經驗，想出利用電子計時器控制火候，將電路接駁至火爐的火線上，每隔一至兩小時，電路便會關閉數條火線，以達到先以大火煲滾涼茶，之後降至中火、慢火和細火，透過電子計時器的準確調校，文武火相配得宜。以往涼茶煲煮耗時甚久，派人長期監控需要不少成本和人力資源，卻仍難免出現人為的誤差，這套生產系統免卻了這些限制，更可24小時無間斷地運作，提供了龐大的產能和質素劃一的產品。Donald表示，從他廚房生產出來的涼茶：「人家說吃魚有鮮味，吃什麼就有什麼味，煲涼茶也要，我的涼茶飲下去很順滑，喉嚨會生津。」

雖然生產線已經確立，但中央廚房的運作亦不無挑戰。從前以小店模式經營的時候，並沒有太大存貨與運輸的問題，但設立了中央貨倉與雪櫃後，便需要預估每個時期店舖的需求，以及貨倉中應有的藥材儲備量。存貨量初期頗為混亂、十分難控制，也需要處理將涼茶由中央廚房運送到分店的問題。那時候，Donald與他的團隊用以「硬碰硬」的方式來應對，每天工作差不多18小時，在未有先進的企業資源管理系統的情況下，每天與舖面的同事以電話溝通，理解需求量，有時候店舖的店員會突然打電話通知缺貨，便要即時去補貨。經歷一段時間，終於慢慢發現生意的模式，在周末生意比較好，故在假期前先做多點存貨，平日則少做一點。運輸方面，為要準時將新鮮的涼茶送到分店，中央廚房每天凌晨三時左右便開始煲涼茶，煲好後以牛奶桶盛載，龜苓膏則放進一個個瓦盅之中，大概在八時出貨，由貨車送往各區分店，以趕在十時開舖前送抵。若然有些店舖生意太好，突然缺貨，Donald亦會親自送貨到店舖中。

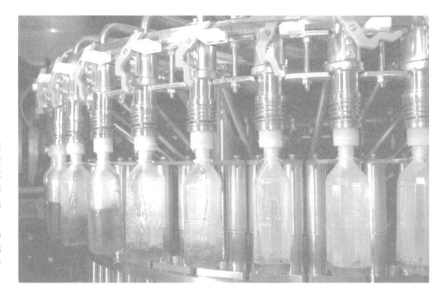

鴻福堂的涼茶入樽系統可在無菌狀態下，將涼茶灌注入膠樽之中，不用添加任何防腐劑，飲品的保質期仍可達一年，使鴻福堂可迅速發展其批發市場。

鴻福堂是全港首個將涼茶入樽的品牌，絕無添加任何防腐劑，憑著高溫無菌灌注技術，飲品的保質期仍可長達一年。

經歷了一段時間的嘗試，中央廚房的模式漸漸確立，大概可以供應七至八間店舖的需要，Donald也相應迅速地開設更多分店去接收剩餘的生產力。隨著鴻福堂的規模越來越大，這個第一代中央廚房的產量也不足以應付，兩年後Donald在另一棟位於葵芳的工廠大廈物色了另一個更大的空間，在高峰時期差不多租用了該工廠8,000呎的空間。至2000年，該工廠的空間仍不敷應用，於是搬到了荃灣50,000呎的廠房，並最後落戶於大埔工業邨。

生產線的確立，提供了鴻福堂品質與產量穩定的涼茶與龜苓膏，Donald便開始構思其經營的模式，而他再次從觀察中得到了商業靈感，他參考便利店可以廣設分店的成功，於1990年決定採用特許經營模式。鴻福堂與有興趣加盟的商舖簽約，所有涼茶產品皆由鴻福堂的中央廚房供應，店舖簽約及掛起鴻福堂的標誌後，便可以售賣其涼茶，但規定只可以全店售賣鴻福堂的產品。Donald評論這個模式的重要性：「對於剛起步的中小企業而言，特許經營模式帶來外間資金，對公司業務拓展起正面作用，這是應該肯定的一方面。」在此全盛時期，鴻福堂在一年內增設十多間分店。至1990年代中，鴻福堂於全港授權了接近30多個特許證，加上鴻福堂直屬的20多間專門店，那時鴻福堂在全港擁有60多間分店，規模為當時涼茶舖之首，遍布港九各區，可見特許經營模式為企業擴張帶來的顯著效果。然而，1997年金融風暴爆發，特許經營的模式亦受到考驗，Donald指出：「那個時候簡直亂七八糟，加盟者在市道差的時候什麼都賣，糖果、汽水，甚至香煙也有。」這些情況破壞了鴻福堂品牌的形象，所以他決定在1999年收回全部特許經營證。

　　金融風暴令香港市道蕭條，鴻福堂的零售店大幅減少至十多間，公司的業務萎縮了約七成至八成，以應對疲弱的市場。Donald有感門市租金貴、空間小，所以想到將涼茶入樽放在超級市場售賣，他與拍檔更把眼光放到海外市場。

　　然而，當時涼茶只限於在零售店內一碗碗販賣，不易於攜帶，而且因為涼茶是無添加的飲品，若批發銷售至香港以外的話，有可能變壞。因此Donald與他的團隊再次發揮創新精神，嘗試設計涼茶入樽生產線，趁著當時工資較便宜，聘請了大量工人，試驗不同的生產方式，逐一拆解涼茶入樽可能發生的各種技術問題，最終在1997年末試驗成功，成為業內第一間將涼茶入樽的品牌。當中的關鍵是要掌握好溫度控制，並且確保灌注過程必須在無菌狀態下進行，那麼即使在無添加任何防腐劑下，飲品的保質期仍可長達一年。初期投產時，由半自動機器將煮好的涼茶泵進一個大缸，再注入一個個膠樽。當時仍需輔以人手協助，負責排放膠樽、按掣入樽、扭蓋等工序。早期在葵芳的廠房日產10,000至20,000支涼茶，後來搬到荃灣廠房，生產線更為自動化，每日可生產達20,000至30,000支涼茶。這個技術性突破，讓鴻福堂產品快速地打入超級市場及便利商店的貨架上，並且可大量批發至內地、美國及其他華人聚居的地方，如東南亞等地，讓鴻福堂成功從金融

鴻福堂在中央廚房煲煮涼茶及龜苓膏，相比傳統涼茶舖，生產效率更高，同時產品質素更有保證。

當年鴻福堂在中央廚房生產龜苓膏，確保生產數量和品質，並且以多年經驗調較配方和火路，煲煮出清熱解毒的龜苓膏。

風暴的危機中走出來。時至今日鴻福堂不僅穩佔清怡健體飲品類別香港銷量冠軍，涼茶飲品更遍布世界各地，將涼茶文化推廣至全世界。

推出樽裝涼茶的同時，Donald繼續改革鴻福堂的品牌，因他發現涼茶的業務頗受季節性消費的影響，在香港春夏之際生意還算不俗，但到了秋冬的寒冷季節便變得門可羅雀，加上涼茶在年輕一輩消費者中，有一個老土過時的刻板形象。因此管理層提出以「真心製造‧自然流露」為口號，慢慢將健康形象建立為鴻福堂的品牌特色，後來進一步推出「家」的概念，以「幾乎有阿媽咁好」等等廣告信息，讓顧客覺得有如在家的健康感覺。

鴻福堂的變革由市場部和研發部同時推動，市場部研究市場走勢，然後交由研發部開發，研發部有中醫、營養師、健康顧問等專家。在改革的路途上，鴻福堂在傳統的「五大羅漢」以外，首先推出了熱湯，請到本港著名食家作為代言人，由他親自推出一系列的製湯配料及產品，並且研究了感冒茶等較新式的草本飲品，其後以「不時不食」作為準則，按照不同的季節推出合適的產品，如春天的時候喉嚨會略感乾涸，便推出蘋果雪梨、川貝枇杷等主治痰多氣喘、咽喉乾癢的飲品。之後再逐漸加入了小食，包括獨特配方的杞子醬汁燒賣、加入了靈芝煲煮的茶葉蛋。鴻福堂持續推出符合市場上消費者

鴻福堂的團隊每年都研發新的產品，
以迎合市場潮流的變化。

鴻福堂希望讓顧客感受到有如在家
的健康感覺，推出各式營養豐富的湯
品，堅持無添加，保留天然原味。

口味的產品，並且堅持「無添加——不加人造色素、防腐劑、味精等，保持天然原味」，在每個產品之中配上清晰的標籤，讓消費者知道產品的原料和功效。在2007年，鴻福堂共獲得八個國家級非物質文化遺產的涼茶祕方認證，大大提升了鴻福堂涼茶的知名度及消費者的信心。現在鴻福堂每年也會研發新的產品，如近年研發了有機滴雞精、豬腳薑醋、鹹柑桔氣泡飲等，為產品系列注入更多活力。

近年，為進一步擺脫涼茶刻板老土的形象，鴻福堂在銷售渠道上更緊貼消費潮流，在2016年開設了「鴻福堂Online」的網購平臺，除了獨家產品，還有糧油雜貨、家居生活用品等範疇的物品，配合早於十多年前已推出的「自家CLUB」會員計劃，將零售渠道拓展至電商平臺。同時，鴻福堂繼續以創意改革零售業務的面貌，在2017年，開始營運鴻福美食車，進駐全港各區旅遊景點；又在九龍灣淘大商場開設了「鴻福堂×布甸狗Pop up店」，將鴻福堂的食品以布甸狗主題推出，製造城中話題及進一步打入年輕客群；在2018年，順應著

無人店概念的風潮，推出了15部「鴻家HUNG＋智能養生站」智能售賣機，結合了IBM Cloud的智能Smart養生測試互動功能，人工智能透過攝像鏡頭即時分析用家的性別、年齡、形象，然後推介最合適顧客需要的產品。

Donald由1986年加入夕陽式微的涼茶業，透過生產、商業及銷售模式上的大膽嘗試和改革，令鴻福堂顛覆了涼茶舖的固有形象，成為了在全球華人社會風行的產品。時至今日，鴻福堂已成功在香港交易所主板上市，在全港擁有110多間分店，會員人數達88萬人，批發業務覆蓋內地多個城市，成績彪炳。由於業務持續擴展，集團也將深圳的廠房遷至廣東省開平，新廠房更大及更先進，以應付日益增長的批發需求，未來一年會繼續瞄準越南、新加坡等海外市場繼續發展。

TAKEAWAY

配合分店擴展，改革涼茶舖的生產模式

傳統涼茶店以前店後廚的方法經營，既耗費面積及人手，又難以確保分店產品的品質，因此鴻福堂建立中央廚房，統一供應全港分店的產品。

設立以電子系統煲煮涼茶的中央廚房，集中採購、存貨及煲煮等程序，減低分店所需面積及師傅煮藥材時的誤差，然後將產品運送至各分店，讓鴻福堂能生產質量穩定的產品，供應全港分店。

善於觀察與嘗試，突破商業與技術限制

1997年金融風暴後，由於零售業務萎縮，便在商業模式上尋求突破。

那時候，涼茶只限於在零售店內一碗碗販賣，Donald發揮創意，最後成功研發涼茶入樽的生產線，讓鴻福堂能發展批發業務，得以將涼茶產品批發至超級市場，以至出口至海外市場。

針對消費文化改革涼茶舖的產品和銷售模式

傳統涼茶舖的產品一成不變，通常只有「五大羅漢」，鴻福堂將品牌由售賣涼茶轉型為售賣健康產品，並推出時令的養生食品和飲品，再加上迎合潮流的銷售模式，改革涼茶舖老土過時的形象。

推出「自家湯」系列、季節性草本飲品、創新飲品，與市面上其他新式飲品抗衡；並且推出布甸狗主題店、「鴻福堂Online」網店、鴻福堂美食車、「鴻家」智能售賣機等，讓消費者在傳統店舖外，也能享受鴻福堂的產品。

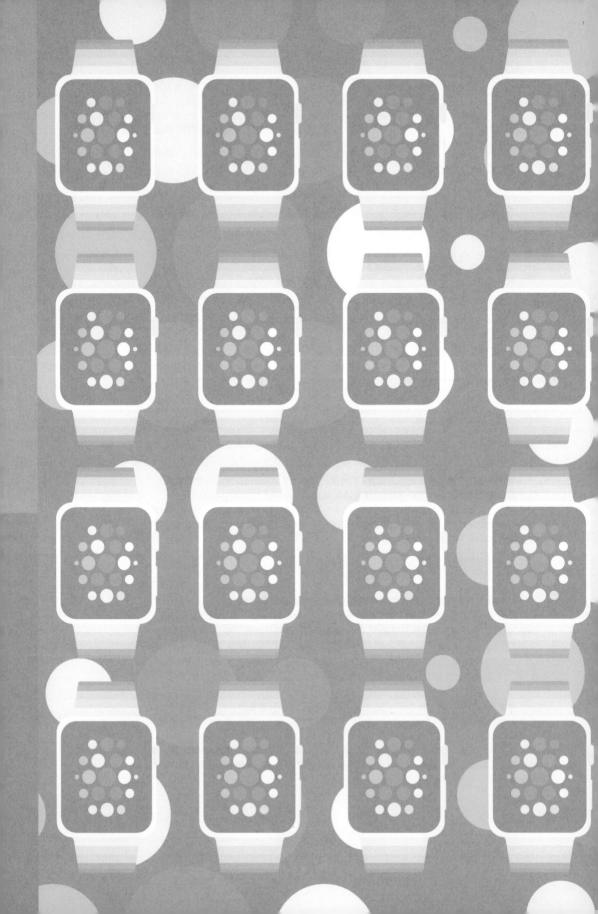

HONG KONG
TECHNOLOGY

5

香港科技行業

投資創科的成本高昂，
而且市場上的競爭激烈，
初創企業十死九傷。
但本港的企業家或
研發出嶄新的技術，
或巧妙地尋索到
針對市場痛點的應用，
殺出多條新血路。

香港
科技行業
簡介
INTRO-
DUCTION

創新科技產業涵蓋的範圍極廣，但凡由創新帶動及技術密集的行業，都可泛稱為創科產業。就現時香港而言，創科產業主要包括電子、資訊及通訊科技、生物醫藥科技及軟件開發等。同時，一些傳統工業亦致力透過創新科技的應用來提高其生產力或減少污染，廣義來說亦屬創科範圍。

普遍認為香港創科產業是近20年才開始發展，但事實上，香港自1960、70年代發展工業，已透過生產力促進局及香港工業總會等官方或半官方組織，不斷引進西方的工業技術、推動技術轉移。而生產力促進局亦參與科研，例如開發「立體黃金電鑄系統」，用以製造形狀複雜、細部精美的空心黃金製品，更藉此取得專利，供業界使用。另一方面，隨著本地人才及資金日多，自1970年代末起，漸漸出現本地的創新科技公司，自行研發並生產高科技產品。當中較著名者，包括生產液精體顯示器公司的精電國際（1978）和研發並生產快譯通的權智國際（1988）。亦有公司專門為其他工業研發生產軟件或開發生產方案，例如澎馬電腦有限公司（1985）便著力設計及開發供紡織、製衣、時裝業使用的軟件。不過香港的創科產業在1990年代末以前規模仍然極小，

而且十分零散，對本港經濟所佔比重亦不高。

　　至1998年，時任香港特別行政區行政長官董建華期望將香港發展成為亞太地區創新中心，設立創新科技委員會，並委任田長霖教授為委員會主席。該委員會認為，若發展創科產業，香港需要科研基建、網羅人才、提供風險資金，以及引入技術。故此，委員會提出了一系列的計劃：基建上，建設科學園和數碼港，並成立應用科技研究院，作為本港科研基地；人才上，一方面加強本地大學的研究生數目，同時亦從內地引入專才；風險資金方面，政府投資50億港元作為創新科技基金；技術方面，則加強大學知識轉移，將上游科研成果轉化成下游產品，同時引進新技術。這些措施大多都被政府採納並實行。其後，香港創業版在1999年年底推出為初創科研公司提供集資平臺。可惜就在政府著力推動本港科技產業之際，卻遇上2000年的科網爆破，市場信心頓失；加上，推動香港發展創科產業的重心人物田長霖教授，在發表委員會第二份報告書後，於2002年與世長辭，該份報告書亦成為委員會的最後一份報告書。這些事件都對本港的創科產業發展帶來重大打擊。

　　不過，委員會所定下的方向和措施，仍然得到實行，政府並在2000年成立創新科技署，負責制訂及推行各項政策及措施，推動本港創科發展。各個科研機構及設施相繼落成，政府亦以資助形式支持本地創科產業及鼓勵各工業進行內部科研工作。本港的科研基建實屬世界頂尖，根據 2017 年全球創新指數，在全球127個受訪的經濟體中，香港在基建設施方面位列第四。然而硬件雖好，本港在科研人才及研究成果方面，卻未能與之成正比。例如在「人力資本與研究」排名第28，「知識及技術輸出」和「創意輸出」兩方面皆位列第25。而香港2015年的研究人員比例更只有7.22%，在已發展經濟體中屬最低之列。此外，本地業界的內部研發活動總開支，亦只佔本地生產總值不足0.8%；參與人數只佔總僱員人數的0.9%。這些數據都顯示，縱使政府投入大量資源發展本港的創科產業，但本地企業所投入的研發資源及創科人員在整體經濟所佔的比重仍然十分低。

　　近年來初創公司盛行，而當中不少初創公司都屬創科工業。香港初創企業主要研究範圍包括：資訊及通訊科技、即需即用軟件（SaaS）、物聯網、數據分析、生物科技、人工智能、機械人、虛擬實境（VR）和擴增實境（AR），以及新材料等等。此外，金融科技、智慧城市及智能家居、醫療保健和大數據應用等，也是熱門的應用方面科技。不過，初創企業在香港仍為少數，根據2016年統計，香港約有2,000家初創企業，聘用逾5,000名僱員，而且數量持續上升。這股冒升中的新力量，雖然前路漫長，但它們將是香港創科行業的尖子。

個案研究 ｜ 一

逐在浪尖的科技應用

3Ds科技

為何科技也要
講求藝術？

如何打造活力十足的
科研團隊？

3D^s

Hong Kong Technology

3Ds 科技有限公司（下稱 3Ds Technology）於 2014 年由林宜輝（Edward）及胡世聰（Ben）兩人創立，是一間為客戶提供技術解決方案的服務公司，業務包括一站式全息投影、3D 立體投影箱、光雕投影、互動玻璃、虛擬助理等服務。Edward 稱公司獨特之處在於成功拿捏技術、生產和藝術三者之間的平衡之處。

◉ ｜創業路上跌跌撞撞

　　林宜輝讀理科出身，大學主修物理，但中學階段對美術創作已產生興趣，不時為出版社畫插畫，於畫班教畫「賺外快」，大學年代更為活躍，積極參與舞台劇、舞劇、編劇、導演等創作活動。大學尚未畢業便開設了一間設計公司，專攻網頁設計，其時1990年代末互聯網是新興事物，市場掀起一股科網熱潮，對網頁設計的需求十分殷切，故不愁沒有生意。設計公司業務更被一家上市公司看中收購，Edward因此賺取了「第一桶金」。之後Edward開展其他方面的投資，其中一項是英語教學，在深圳經營英語教學中心。不過這些投資項目都不是Edward的興趣所在，而且自己亦不懂得行業的操作，加上2003年沙士疫潮爆發，生意大幅萎縮，投資可謂血本無歸。

於香港高爾夫球及網球學院的外牆投影項目，動態影像與牆身完美地配合，以禮物緞帶營造出喜慶的效果。

2013

Ben 研發的立體投影技術，隨後 Edward 以天使投資者身份注資，成立科研公司 3DHologram。

2014

3Ds 科技有限公司成立

2015

獲工業署「香港工商業狀：設備及機器設計優異證書」

2016

製造全港首個闊 4 米的 Hologram、配合 VR 互動遊戲的大型裝置。

2019

完成多個項目如「1881的光雕投影」、香港中央圖書館「格列佛互動故事牆」、尖沙咀 Donut Playhouse 貫穿 3 層樓室內滑梯等。

2003年以後，Edward從新上路，開設了平面設計公司 Moment Design Company Limited，公司以項目形式為客戶提供網站設計、平面設計、印刷、品牌設計、廣告設計等服務。期間他觀察到傳統媒體逐漸萎縮，客戶對印刷品需求減少；反而結合嶄新的科技元素，加上美觀的藝術設計的大型展覽卻可以吸引市民大眾，例如日本的Team Lab 就是成功的例子，市民更願意花錢入場參觀。適逢2015年間，社交媒體的興起，人們樂於其中分享相片和「打卡」（即利用社交媒體平台發放即場或某地方的影像，告訴朋友現時的位置），商場推廣活動開始減少電視、雜誌和報紙的廣告預算，投放更多資源來舉辦大型活動，吸引市民前來「打卡」及增加人流，以此達到宣傳效果。此外，不少商場也增設互動數碼遊戲來吸引市民，這種種潮流，顯示新的科技元素正滲進不同的媒介，而且在日常生活中日益普及。

另一位創辦人Ben畢業於加拿大約克大學，主修數學，2001年畢業後於父親的機械廠擔任海外銷售的工作，隨後經營室內設計及平面設計，累積了營銷、機械、工程、設計的經驗。2014年Ben接觸了Hologram技術，發現它是未來產品展示的新趨勢，在玩票形式下自行研發，用了42天完成了第一部樣板機，以投石問路形式成功售予舊客戶。適逢Edward同樣具備相關的IT知識，亦有繪畫和美術設計根底，他認為可以利用自身的優勢去創造新的事物和表達形式，發展新的路向。Edward結束了Moment Design，2014年與Ben正式創立3Ds Technology，全力投入新的創業。Edward負責業務發展，Ben則負責營運工作，各施其職。

◉ │ 科技與美學的結合

面對環境的變化，Edward要為未來的發展謀求出路，他認為：「我們不能做、也不應做大量生產的東西，例如做個立體投影機這樣的產品，因為這不是我們的強項，而且投產也要有很多設備和資源的投入，門檻很高兼且不是我熟悉的範疇。我們做的，更多是提供解決方案，為客戶設計一些含科技成份和應用，也講求美感、美藝成分的解決方案，好使客戶可以應用於品牌、產品銷售、樓盤銷售，甚至是商場舉辦

活動等各式情況。」

　　2014 年創立 3Ds Technology，Edward 及 Ben 沿著「科技與美術相結合」的方向為企業客戶設計出應用感應裝置、立體投影技術的方案，例如早期做一些體積小的「全息展示櫃」（hologram showcase），用於推廣客戶的產品，後來進而做一些項目預算達數百萬港元，甚或過千萬港元的大型工程，當中都含技術應用和美感經驗的元素。

　　3Ds Technology提供的科技應用方案，雖然包括多種，例如全息投影、3D立體投影箱、光雕投影、互動玻璃、虛擬助理、虛擬實境等服務，但Edward強調技術應用的背後，需要堅實的美術訓練和觸覺，乃至創造和設計細緻的美感經驗。簡言之，是技術的應用沉浸著設計和美學的元素，例如節奏、質感、外觀設計、流程設計，以至用家觀賞經驗的設計，這些都是3Ds Technology一直堅持的信念，認為科技與藝術的結合，才能使得公司的產品和服務與別不同，具備不可替代的特色。Edward舉例說，要為客人製作一件宣傳展品時，不單純是繪製構圖或加點會動的動畫，圖畫中的一桌一椅的質感、物件擺放的真實感、動畫圖像的動感、節奏，以背景畫面的一草一木，都講求美感的協調。故此，沒有美術觀念、美學觸感的支持，做出來的影像產品只會展示功能，沒有美感經驗可言，這樣的作品／產品不是3Ds Technology要求的品質。

圖為替周大福
藝堂所設計的
室內投影，以光
影襯托珠寶的
展示，令珠寶產
品更顯迷人。

◉ │ 主動開拓市場、尋找客源

　　公司曾嘗試做產品，直接銷售給客人。起初，公司製作了用來擺放超級英雄的全息展示櫃，銷售對象是玩具迷，因為他們會購買投影櫃來展示珍藏的玩具如人偶公仔、手辦模型。不過，這個市場始終是小眾的（niche market），難以做大規模量產，價錢若定價數千港元，顧客又會認為太貴，加上要做推廣、客戶查詢及售後客戶服務等工作，當時新公司只有Edward及Ben兩人，兼顧不了這麼繁重的工作，故此早期B2C（business to customer）的模式並不成功。

　　後來3Ds Technology轉攻企業客戶，積極尋找香港、內地和海外的項目商機。香港是亞太地區商業機構的總部都會，例如香港的金融業、地產業都會花資源做品牌和推廣，3Ds Technology會把握機會游說發展商在商場、室內設計方面加入新的科技和設計，例如某大廈以海洋做主題，發展商提出在天花板投影魚群游來游去，以製造特別的效果，3Ds Technology會想辦法提供製作方案。

　　公司也積極爭取境外的項目，例如3Ds Technology接過一宗新加坡的項目，要在當地國家博物館做戶外投影，在戶外受風吹雨打、日曬雨淋，而且在公共地方會不時出現一些難以估計的意外或挑戰，故此項目的難度很高。結

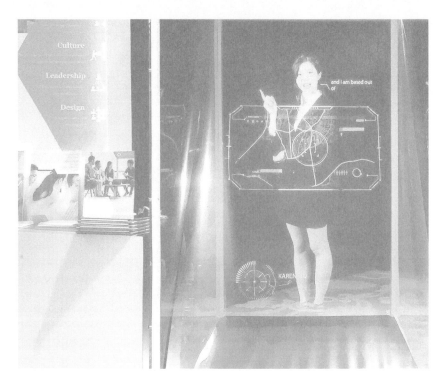

圖為 3Ds Technology 所研發的全息投影產品，能夠顯示出真人動態及各種動畫，可廣泛應用在產品介紹、市場推廣上。

果，公司派出團隊到當地，了解實地環境才製作整個投影系統，並妥善安裝設備，完成相關的立體投影、動畫及多媒體工程。公司亦派員到當地監工，確保工程質素。

◎ │ 推動科研技術的動力

　　3Ds Technology 會主動研發新的技術，也會按客戶要求研發合適的技術和產品。Edward與Ben深信要發掘市場上潛在需要的科技產品，首要的條件是技術開發者也要覺得某種技術是「有用的」、「好玩的」，才會去用心鑽研，Edward舉例：「我們在玩VR／AR遊戲時，對空氣做些打鬥的動作是完全沒有真實感的，但若添加一個有質感的東西把玩在手，每一次揮動那東西作打架狀，玩家會感到遊戲更加有質感、更加有趣。」故此，所謂研發的精粹，就是要為用家創造新的體驗，一種新的、有趣的體驗。

　　技術研發的需求有時也來自客戶，許多客戶在外地或其他地方看到新的技術應用十分吸引，隨後便向3Ds Technology查詢能否製作相同的技術、所

3Ds Technology 研發的 Smart Shelf 是一個多功能的智能貨架，當顧客拿起一件貨品時，可以即時為他們提供該件貨品的資訊，並且可以記錄及分析銷售數據，讓商戶能更精確地掌握業務的狀況。

需時的時間和成本等問題，這些查詢或要求往往會促使公司努力研發新的技術和應用方法。Edward舉例指近年玩具製造商BANDAI SPRITIS東京總公司的入口，一道銀灰色的大門需要用數碼卡來啟動，打卡後富動感的光影圖案和「Accepted」字句便投影到大門上，大門才會開啟，不少客戶看到這個例子後都感到興趣，於是促使公司開發相關的機械工程與立體投影互動的技術。此外，Edward坦言不同項目的研發過程往往需要很多組件和不同系統的配合，整個研發過程不需要每一個零件、設備或步驟都要自主開發，公司團隊會因應項目的需要購買市場上現有的設計、零件，然後專攻系統設計和整合，以研發解決方案為目標。

◉｜維持具活力的研發團隊才是挑戰

科技市場日新月異，不同項目涉及的技術應用亦可能不一樣，3Ds Technology的團隊需要面對既專精又迅速變化的技術要求。為了應對這種具彈性的需求，3Ds Technology以顧問形式組合不同項目所需的技術團隊，例如公司需要三維印刷的技術和知識，而具備相關知識的專才在市場上多以獨立個體工作，以項目形式來接生意，未必願意受僱於一間公司，因此難以招聘合適的人才。為了吸引他們前來工作，3Ds Technology也會採用項目形式的方式邀請他們合作進行大型的項目。公司會以顧問形式聘請專才，提供彈性工作時間，容許他們繼續承接其他項目之餘，也要兼顧公司分派給他們的工作項目。聘請這類專才，公司會給顧問提供底薪，若工作太多又或工作性質複雜，顧問可以收取額外收費。Edward認為：「現今的工作環境，地理界限

越來越模糊，公司有些顧問身在外地，不時要往返香港和上海兩地；若遇到一些年資深、技術又好的顧問，公司就支付他們一筆顧問費聘用他們，這些資深顧問也許不願意重投員工身份，只為某一家公司效力，但卻寧願充當顧問，而公司則處理其他行政事務，雙方各取所需。」當然，公司也會聘用全職顧問，簡言之，就是以具彈性和多樣化的合約形式來組合公司的團隊。

3Ds Technology的工作氣氛良好，流失率低，公司希望營造愉快的工作環境，這樣員工也會介紹其他友好加入公司。Edward認為公司內團隊成員的關係相處融洽，是留住員工、提高工作活力的最佳方法。「公司各人相關密切，這種工作氣氛十分重要，好似足球隊一樣，大家各司其職，去踢一場好波；大家在公在私都會互相幫助，好像產生了一種兄弟情誼。」Edward這樣形容團隊的合作氣氛：「因為大家明白這個行業有前景，只要合作，有些員工有美術底子，另一些員工有科技知識，大家各司其職，就可以把握機遇，就能做到凝聚人才。」

3Ds Technology的工作團隊確實能做到網羅各方人才的效果，現時公司由Edward夥拍Ben負責美術設計和程式設計，其他同事既有地盤工作經驗的員工專責機械工程及組裝的工作，他們學懂機械知識之餘，若有興趣參與其他工序如繪圖、做模型切割、研發機械器具的工作，公司也樂於提供機會讓員工從實踐中學習。此外，為了監控產品品質，3Ds Technology的工場設在香港，在工場完成的展品，都要做好壓力測試，然後才將展品拆件運去現場再重新組裝，這樣能確保展品到展覽現場時可以順利運作，因此也需要在香港增聘大批員工。

◉ ｜ 公司未來的發展

雖然3Ds Technology是一家追趕科技趨勢和潮流的公司，但公司不需要特別去做推廣，公司的品牌形象都是靠口碑建立的，是客戶一個傳一個所帶來的效應，就如Edward所說「市場需求大，我們不會花精力四出找客源，反而用更多時間做好公司的產品／作品，能把自己的作品做好才會有別人賞識和欣賞你。」故此，公司專注所做的每一個項目，由於受客戶認同，他們也會介紹其他客戶，從而在市場上建立了良好的口碑，令公司生意越做越大。

為了公司的持續發展，Edward也著手調整公司的營運方法，確保公司有充裕的現金流，減低營運風險。Edward於2018年賣出部分自己名下的公司股份予一間基金公司吐現，但現時他與拍檔Ben仍佔公司80%的股權。出售部分股權的原因主要是增加個人流動資金，以應付公司越做越大的每單生意，讓公司承受的風險盡量減少。此舉的因由與承接項目所需的流動資

金有關，例如接一宗1,000萬港元的生意，未收到客戶300萬元的訂金前，公司便要先撥用300萬來製作產品，所以過往對公司構成一定的資金壓力。出售股份可以增加股東（即Edward）的流動資金，若公司遇上資金壓力，都可以用備用的資金周轉。不過，情況也許並非Edward預計的那麼艱難。3Ds Technology是一家技術型公司，毛利率高、機械和原材料支出佔成本比例較少，「我們是知識型公司，即公司最寶貴的資產是人才，最貴的產品是出售的解決方案，當然公司所做的工程需要訂購機器、物料，但這些成本有限。」Edward如此說。故此，整體而言公司面對流動資金的壓力相對較其他行業低。

面對未來，Edward認為要找其他投資者注資，一方面可增加公司的財政能力，承擔更大的項目風險，同時也可以籌集資金投放到公司的科研團隊，希望投資者可以投放更多金錢在公司，「當作是借給公司，然後公司還利息給你」，對公司營運有幫助。

TAKEAWAY

觀察市場趨勢找到創業契機

認識到數碼化、多媒體市場及社交媒體大行其道將改變廣告設計行業的方向，創業人Edward善用技術與美術工藝的背景，創立3Ds科技有限公司。

Edward早年的公司從事平面設計的業務，但眼見客戶投放在傳統印刷媒體的預算愈來愈少，而新興的互動媒體更能吸引客戶及用家的注意，故此公司著手轉型，最後更成立新公司，為客戶提供一站式全息投影、3D立體投影箱、光雕投影、互動玻璃、虛擬助理等解決方案。

科技要講求功能和結合美學

3Ds科技有限公司著力將不同的新技術用於廣告媒體、推廣及市場營銷活動，但技術應用的背後需要美術工藝的深厚根基才能創造富美感的體驗。

3Ds Technology研發的3D立體投影、光雕投影、機械裝置等應用技術，除技術元素外更要配合繪圖的美感、質感、真實感、動感、節奏和整體的協調。公司強調科技應用要結合美術觀念、美學觸感才能創造更佳的用戶體驗。

建立具彈性、富活力的專業技術團隊

3Ds Technology以項目形式、顧問合約構築合作團隊，從中吸納不同的技術專才。公司內部團隊由衷合作、互相支持，營造一隊和諧合作的團隊。

公司為挽留技術人才，以不同的合約方式提供項目合作、顧問合約、全職合約及內部培訓的機會。這種具彈性的聘用關係，不單吸納公司需要的不同的技術專才，還讓員工參與不同的工作，增進他們的技術能力和彼此的合作機會。

在平凡中打造不平凡

正昌環保科技

投資業務時
應該考慮什麼因素?

怎樣從現有科技中
尋找可突破的地方?

2006 年榮獲國際化學工程師學會環保大獎（IChemE Awards- Environment Award），把廢油再生為可再用的機油供應市場。

正昌環保科技由鄭文聰（Daniel）於 1993 年所創立，起步之初購入了元朗工業邨的一所十萬呎潤滑油回收廠房，業務走入正軌之後，發展了廢油和廢水回收的科技工程，成為了本土最早及大規模的環保企業，其環保方案和業務已經擴展到內地和海外地區。

◉ ｜投資「冷馬」環保業務

　　Daniel的父親鄭州在1969年創立了正昌洋行，主力做五金模具和加工設備的貿易生意，Daniel在1983年由美國回港，協助家中洋行的業務。1980年代初，正正是電影錄影帶租賃業務的黃金時期，全世界的製片商、分銷商、錄影帶租賃的公司都需要大量的錄影帶，正昌洋行的五金生意也在那時轉向以生產錄影帶零件為主。Daniel在美國修讀工業工程，並有管理工業生產的經驗，所以他在大角咀的山寨

TIMELINE

1969

鄭州創立正昌洋行,經營五金業生意。

1983

鄭文聰(Daniel)由美國回港加入公司,帶領錄影帶不鏽鋼零件的生產。

1993

收購元朗工業邨的倒閉潤滑油生產廠房

2000

成立正昌環保科技(集團)有限公司,專注研發新產品和科技。

2003

成功安裝第一套超頻震動薄膜技術系統

2006

榮獲國際化學工程師學會環保大獎(Ichem E Awards-Enviroment Award)

2008

研發膜生物反應系統

2015

Daniel 接替劉展灝出任香港工業總會主席

2019

膜生物反應系統由小型公廁(每日五噸)發展到大型屋苑應用(每日5,000噸)

工廠中發揮了工程師的創造和解難能力,他考慮到錄影帶主要是塑膠和不鏽鋼兩類零件,他對塑膠並不熟悉,所以要在眾多競爭者中突圍而出,必須從不鏽鋼的零件入手。Daniel特別專注於生產鋼針及鋼通兩個零件,這兩個表面上不起眼的小零件讓錄影帶在播放和倒帶的時候不會刮花,價錢還十分便宜。因此這兩個產品受到全球青睞,3M、Sony、Kodak、TDK等名牌都一致向正昌洋行購入鋼針和鋼通。十年生產錄影帶零件的經驗讓Daniel開始建立了其營商的智慧和方向,他見識到錄影帶盒整個賣一美金,其不鏽鋼零件只賣0.1美金,功能雖大,但只佔整件產品價值1%,市場前景有限,必須投資到其他業務之中。

談到其投資發展的策略,Daniel指出必須是有前景的行業,但又不可以是太過熾熱的行業:「如果用賭馬的方法來說,就有冷馬和熱馬之分,大熱之選勝出機率雖高,但只是一賠一點零五,沒有什麼利可圖;有的冷門馬匹則是一賠99,我就是希望買有潛質的冷馬。用實話來說,即是行業的空間一定要足夠,但足夠之餘,需要有我可以發揮的地方。這個不一定要是我熟悉的範疇,如果不熟不做的話,將會為自己設下很大的制肘,最重要的是前景一定要好。」但有潛質的市場多不勝數,Daniel將眼光集中在圍繞著科技的行業:「做生意除了好玩和有錢賺,一定要有科技增值的元素,若果只做普通設計或中間人的角色,很容易被其他人所取代,但科技就是一門長壽,又不容易被抄襲的生意。」在「冷馬」和「科技增值」這兩個思維的主導之下,Daniel的眼中對於潛力二字的定義與經濟學上的對沖概念接近,當市場上某種需要越來越大的時候,便製造了一個很大的市場缺口,有潛質的生意就是能夠對沖這種需要,滿足這一個缺口。在這些考慮之下,Daniel發現環保工業便是一

個充滿潛能的冷馬，他察覺到香港以至全球的生態環境和污染情況將會越加惡化，但各地政府和市場都未有整全的規劃去應對，正昌在這情況下抓緊契機。所以Daniel在1993年收購了元朗工業邨一所倒閉了的廢潤滑油再生廠房和其內裡的生產機器，開始了正昌的環保業務。

但環保業務的開展並不簡單，Daniel用了五至六年的時間才完成對工廠和業務的整頓。在這個收購中，正昌繼承了前公司十萬平方呎的廠房、過千張圖紙、80多箱文件和廠內的高溫真空蒸餾設備。這個廠房的主要功能是廢油回煉，原理是用高溫將廢油煮到蒸發，然後根據不同分子的揮發程度將不同的成分分離出來。但收購廠房後，卻不能直接投入生產，首先是Daniel及其團隊需要從圖紙中研究廢油回煉機器的使用方法，此外機器需要大量的修復，那時全間工廠共有百個化工泵，每個價值數萬元，但它們不時損壞，令Daniel要不停花錢去替換。縱使初期的投資成本非常高昂，但Daniel仍相信環保工業的潛力所在，因為根據香港的法律，廢油必須當作廢物燒毀，而每噸廢油的處理成本達到8,000港元，在法律的框架下，廢油處理將是有長期的需要。而正昌這個邊學邊做的整頓過程用了差不多兩年的時間，終於在1995年獲得香港環境保護署簽發化學廢料處理牌照，政府在1998年再收緊廢油回收的規管，停止發出新牌照，香港的化學廢料處理市場被正昌和青衣另一所公司獨佔。正昌積極改善使服務日趨完善，精益求精，與本港的廢油生產者之間簽訂合作回收協議，包括本地知名電力公司和油站，為他們全面回收和處理廢油，每月接收到約1,000噸，佔了本港陸上廢油約90%。

◉ ｜引入及研發新式廢油及廢水回收技術

2000年，Daniel成立了正昌環保科技，專注研發新型的環保再生產品及新式環保科技。這個發展對於正昌的持續發展十分重要，Daniel指出從1993年收購得到機器其實都是差不多50年前的落後科技，蒸餾的過程耗用大量的能源，而且廢油沸騰的時候釋出很多混合物，使廠房溫度極高及充斥異味，似乎有違環保的原則，再加上當時的汽車已經開始用混合油，含有15%的添加物，蒸餾法並不能完全處理。這讓Daniel決定要放棄蒸油，尋找革新的技術，而新技術不外乎化學性和物理性兩大類別。如果用化學的方法處理，往往需要用到大量的藥劑，造成二次污染；物理的方法則利用過濾性薄膜分隔污染物，只讓油分子通過，達成過濾的效果。物理性方法最大的問題只是

正昌的廢油回煉廠房設備。

常常出現堵塞的情況，要不時反覆沖洗保持暢通。Daniel在考慮了這兩方面之後，決定採用物理的方法，於2001年引入超頻震動薄膜技術。該技術在國外已應用了十多年，由一個美國人所發明，初期拒絕合作，終於在Daniel三顧草廬的決心下成為合作研發伙伴，當被Daniel問及對方最後願意合作的原因時，對方簡單地說：「你是唯一我趕不走的人。」

　　但研發的初期並不順利，在實際操作上面對很多挑戰，但Daniel堅信概念是沒有問題的，只需要將技術一直改良便能夠成功。最終正昌的團隊用了兩年時間進行測試，在2003年成功安裝第一套亞洲的超頻震動薄膜過濾系統。超頻震動薄膜技術與其他物理性薄膜技術原理一致，只是利用超頻震動使軸心每秒高速扭動50次，提高廢油的流通量，使污染物的分子移動，不會堵塞薄膜。這套技術能夠將廢油脫色和吸味，整個過程都處於低溫攝氏85度，處理一微米至0.001微米大小的物質。正昌利用這套技術在2006年進

一步研發了震動膜廢油再生系統（VMAT），佔地400多呎，體積只是舊式高溫真空蒸餾機的十分之一，能夠將油污分類收集，分離成大型固體和液體，液體再分為清液和濃液，按不同程度製成不同的再生油產品，年處理量達到5,000噸。除了在元朗的廠房使用，正昌還會將這套系統作為完整的解決方案出售予客戶，連同過濾模組和技術支援，每組售價1,000萬港元，訂單遠達印尼、馬來西亞和菲律賓，為正昌帶來了新的業務範疇和收入。

在成功研發廢油處理技術和業務的模式同時，Daniel已轉為把眼光延伸到在廢水的處理上，他說明這個發展方向對於廢油回收企業來說是理所當然的：「因為當你實際運作的時候，你發覺給你的廢油裡頭，並不只廢油，還有廢水在其中。與其把廢水處理的工序外判，不如把這個項目也變成我們的服務之一。系統能夠安裝『微濾』、『超濾』、『納濾』和『RO反滲透』四種薄膜。」在起步階段，他們把振動膜技術應用到工業廢水的處理上，後來更發展到處理生活廢水（MBR）的技術。

2001年，正昌開始投入研發薄膜生物降解系統（MBR）。這個技術其實市場早已存在，基本的原理就是利用微生物去分解污水中的有機物，但這項基本的技術並非完美，Daniel指出他們研發的方向：「全世界所有人都懂得做這個產品，我們所做的事情，就是在平凡之中突破，讓平凡變得不平凡。」現存的技術主要問題是能源效益低，大部分污水處理廠有八成的能源都使用在「打氣」之上，「打氣」的作用是把養分打到水中，使負責降解雜質的微生物可以更好地生長，保持水中的微生物含量。這個技術在過去幾十年都沒有革新過，只是有一些廠家將水缸的形狀略為改變，可謂「換缸不換藥」，所以Daniel請來了兩名香港科技大學的畢業生，與工程師團隊一同設計生物分解的科技。研究過程的主要困難是要找來充足的廢水作為試驗，Daniel想到一條妙計，聯絡元朗廠房旁邊的元朗污水廠，以免費處理污水和分享研究數據作為籌碼，說服了污水廠讓正昌使用他們的污水進行研究。要把微生物養活，並且節省系統的能源，是一件十分複雜的工程，最終正昌在2008年成功研發出薄膜生物降解系統。在系統中，污水首先流過自動隔柵，排除掉塑膠等不可降解物質。這套系統的核心技術和突破在於薄膜的技術，Daniel的團隊發現舊式系統其中一個毛病是水流把負責降解的微生物沖走了，令廠房要投入大量能源去「打氣」提升微生物量；新系統利用薄膜技術把微生物維持在水池內，只讓水分流走，如此便可以減少微生物的流失，減少了打氣維持微生物數量的需要。這套新MBR系統讓污水處理廠房減省了三分之一的空間，並且大幅度減低耗能，利用太陽能系統充電已經運作，已經過處理的液體可以直接用來沖廁所及灌溉。

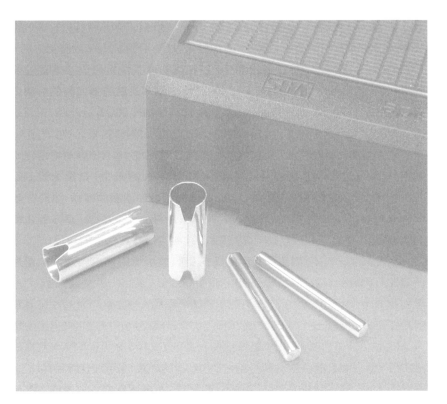

正昌洋行在 1980 年代初主力生產鋼針及鋼通等五金零件，是行業裡的表表者。

正昌利用這套技術已進行了多個成功的廢水回收處理項目。其中最早的一個範例是為一間澳門知名酒店設立環保方案，他們在酒店的地庫建設了污水處理系統，回收酒店房間和其餘運作的廢水，循環處理用來沖廁所和澆花，該系統只佔用二分之一個普通教室的面積，但能為酒店節省每噸廢水四元的處理成本。香港郊野公園的廁所是另一個體現MBR薄膜生物降解系統的重點項目。傳統郊野公園的公廁排污必須鑽挖地底，鋪設排污渠，不但成本不菲，而且位置偏僻的公廁根本不可能鋪設排污渠，因此正昌設計了生化廁所，先在赤徑、鹹田和西灣三個偏遠郊區試行，結果十分成功，生化廁所的結構與普通公廁無異，但是沖廁的過程沒有額外的異味、水質清澈，現時全港已經有超過150個生化廁所。Daniel展望薄膜生物降解系統的技術在人口稠密的香港有很大發展空間：「香港地少人多，土地資源珍貴，鋪設排污渠其實非常不符合經濟成本效益，生化廁所正是適合高密度城市使用，現在已有私人發展商決定使用這項技術。」

在Daniel的生涯中，錄影帶零件、超頻震動薄膜技術和MBR薄膜生物降解系統是他的三大成就和創舉，正昌發展成現時成功的領先環保企業，Daniel擁有管理研發、專利權和人才的多方面經驗與智慧。

在科技研發的策略上，Daniel強調一定要由公司的最高領導層去統籌，箇中的原因在於承擔責任的能力。研發亦像買馬一樣，不一定以成功結束，如果失敗了的話，付出的所有研發費和時間都會付諸東流。若然由員工領頭，他們為免承擔研發失敗的責任，往往會有自保的心態，採取一些較安全的方向，失卻了研究突破的精神。所以研發一定要由領導牽頭，由領導撥錢及統管，旗下的員工只需參與研究的過程，這樣方能有效地推動科研。

而在科研成功後，很多企業都擔心技術被盜竊，尤其是在內地推行業務的時候，會被同行甚至顧客抄襲研究辛苦所得的成果。但是Daniel在與內地做生意的時候，卻逆其道而行，刻意不申請專利權。他這種自信正正來自其科技和產品的複雜性：「我們的產品和技術用了接近20年時間去開發，我們做了超過1,000個實驗，在每個實驗投入了三至五萬元左右，才得到今天的知識，外頭的公司是無法抄襲我們的。你抄到我的外貌，抄不到我的功能；抄到我的功能，抄不到我的價錢；抄到我的價錢，也抄不到我的交貨期。我就是全球最大的生產商。即使你所有條件都抄襲了，那也只是一個舊式產品，我有多個經過改良的新版已經準備好了。」正昌多年來完善了產品的科技和生產配套，其完備的運作令到競爭和抄襲者無法與之抗衡，相反，如果要申請專利的話，卻要把技術細節的所有文件交出來。因此當產品複雜性足夠的時候，就算不申請專利，也不用擔心抄襲的問題。

正昌的研發和系統設立都是依靠團隊內部去執行，多年來人才輩出，因為正昌執行一個十分出色的訓練計劃。正昌加入了香港工程師學會的計劃，每名畢業工程師都要接受為期三年的訓練，之後通常要在公司再工作兩年，這五年的時間讓每名加入正昌的工程師都受到完善的訓練。Daniel至今已訓練了接近50多人，雖然其中40多人都被其他公司高薪吸納，但這個計劃確保每人都在正昌中最少貢獻五年的時間，確保了公司人才一定的穩定性，而留下來的人都是精英中的精英，分別成為了公司不同部門的領導級人物，可以以老帶新。

發展至今，Daniel憑著前瞻性的投資及研發，由做錄影帶零件到廢油及廢水回收，使正昌得以處於亞洲環保界別的領先地位。現時正昌的環保產品和環保回收系統各佔業務一半，而隨著企業的聲望不斷上升，預期出口環保回收系統的比重將會越來越高。

擴張業務時投資「冷馬」

Daniel指出投資擴張業務的時候，不應該被自己熟悉的範疇所限制，放膽選擇有潛力的業務去投資。有潛力的業務是要有足夠的發展空間，而且可以持續增值，不會輕易被取替，就好像賭馬買「冷馬」的道理一樣。

香港和全球的環境都持續惡化，城市的排污排廢量繼續增加，各國政府沒有明確的政策去扭轉這一局面，Daniel看到了環保業的契機，廢料回收和相應的科技需求將會越來越高，因此他收購了位於元朗工業邨的一所倒閉的廢潤油再生廠房，由五金業轉投到環保業。

「在平凡中創造不平凡」作為研發方向及策略

環保科技界中已經有很多存在多年的技術，而這些技術也的確能夠處理一定數量的廢料。可是過時的技術會耗用大量的能源，在回收的過程產生不必要的副產品，令到整體的回收效率低。Daniel在探索回收廢油和廢水的過程中，集中讓團隊改良現存技術，成為正昌的核心策略。

正昌原本的潤滑油廠房以高溫真空蒸餾機去回收廢機油，但是這部機器的技術已經落後了近50年，有高耗能、高熱和多副產物的缺點，於是Daniel帶領他的團隊以物理性的方法取代，引入改良了的超頻震動薄膜技術，可在低溫的環境，高效能地處理廢油。其後又從傳統生物分解技術研發出MBR薄膜生物降解系統，利用薄膜技術改善傳統技術，解決了高耗能和微生物高流失的缺點。

由領導層帶領研發，以產品複雜性保障利益

公司的科技研發必須由領導層親自帶領才能夠成功，不可將責任推卸給旗下的員工。而他們所研發的產品和技術都擁有極高的複雜性，不一定需要申請專利權，其他的競爭者根本沒有辦法抄襲。

Daniel指出研發有很大的失敗機率，若然由員工負責帶領，他們為免背上研發失敗的黑鍋，會採取較為保守的策略，有違研發突破的精神，所以過程一定要由領導層帶領，重要決策和資源分配都由領導層決定，才能夠在研發上走上正確的方向。而正昌的產品與科技都是往往經過1,000多場實驗後的結晶，競爭者抄襲到外型，無法抄襲到產品的功能；抄襲到功能，無法抄襲到價錢；抄襲到價錢，無法抄襲交貨期。完善的產品和業務，成為了公司知識產權最佳的防線。

三菱分銷商的
科技研發投資變革

東興自動化

如何變革
貿易主導企業的
變革方向？

如何推動及
管理自動化器械的
研發和投資？

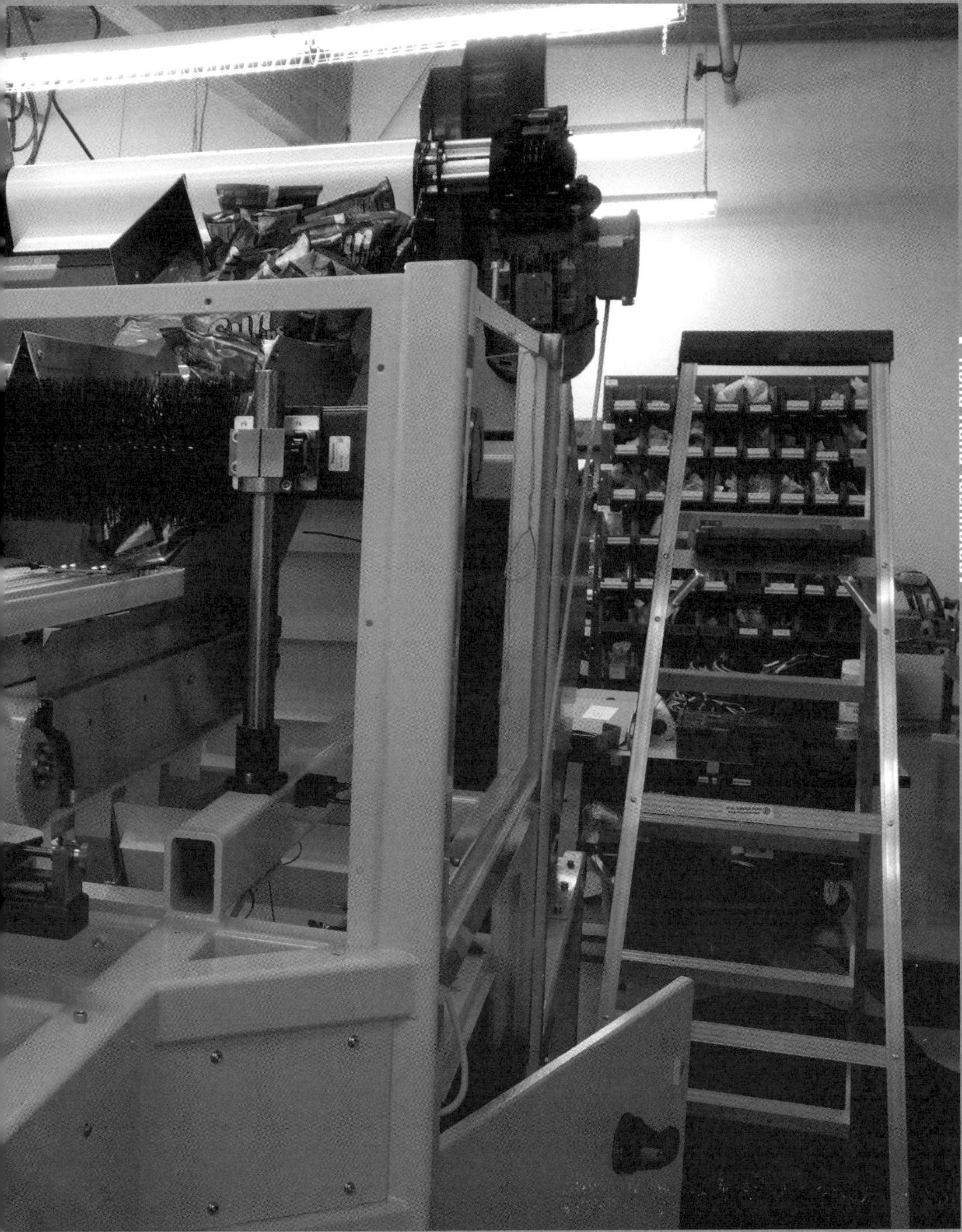

東興自動化於 1977 年由林步東成
立，以香港為總部分銷自動化機械，
是三菱自動化在中國最大的特級代
理，分銷網絡遍布全國，第二代林朗
熙（Roy）在 2010 年回港加入公司，
為公司的業務注入自動化機器研發
和科技投資，令東興在自動化機器的
市場再往前邁進一步。

◉ │ 危機意識推動企業變革

　　1981年，國際商業股份有限公司（IBM）
造出了第一部個人電腦，正式標誌著電腦科
技對工業生產影響的開端，由智能機械操控
的工業自動化概念成形，並且每年以高速增
長，自動化工業直至2007年，在中國每年都
錄得平均30%的升幅。林步東也是乘著自動
化的潮流將東興擴展，在1981年開始分銷日本的產品，1988年正式成為日本
三菱工控產品經銷商，由1990至2005年設置分部，將銷售網絡分布全國各
省市。自動化工程的業務本來一帆風順，但2008年金融風暴來到的時候，對
東興帶來了一定打擊。當經濟景況不佳的時候，廠商的承受能力下降，開始
棄買日貨，改買較便宜的國貨，東興的營業額下跌了接近20%。這次經驗令
東興的團隊體會到不可以單單依靠分銷這個項目來維持公司的業務。在這個

東興技術團隊
所研發的自動
化機器。

1977

林步東創立東興集團的前身東方旅遊投資貿易公司

1988

公司遷址至九龍灣鴻力工業中心 B 座，並成為日本三菱工控產品經銷商。

1990-2005

在內地廣設分部，將銷售網絡遍布全國。

2004

獲授權代理三菱數控產品

2010

林朗熙（Roy）回港參與東興集團，為集團尋找新項目的方向。

2012

在美國設立 L2F Automation，成為集團在美國的技術中心。

2014

正式將集團的技術人員集中在上海分部，專注自動化產品研發。

2016

技術團隊成功研發和生產拋光機，開啟科技研發和投資的業務。

背景下，林步東請兒子Roy回港為公司尋找新理念。

返港後 Roy 尋找公司能夠突破的地方，不久他發現東興擁有一個很大的隱藏優點，就是公司旗下有很多技術出眾但組織散亂的師傅。東興作為三菱的分銷商，除了把產品賣出去之餘，還要為客戶提供支援服務，包括調校機器的參數及教導客戶如何操作機器，因此在每個分公司都有一支經驗與能力不俗的技術團隊，有機械人、數位控制等不同技術的人才，Roy當時思考：「我認為這些技術團隊不應各自為政地運作，如果把各個團隊出色的師傅組合起來，便有能力去做出自己的自動化產品，去解決行業中有特別大需求的地方。」經歷幾年的時間，他把選拔出來的技術人員集中了在上海，作為研發和生產的基地。

2014年，東興的核心技術團隊正式組成，他們審視東興兩萬多名客戶的廠房業務，尋找發展的方向和目標，當中考慮的主要因素就是：「哪一個工業過程最骯髒、最危險？這種工藝便最需要我們去自動化。」在這過程中，他們發現手錶「拋光」的工序是一個十分高危的工業過程，工人需要在一個每分鐘2,000轉的磨輪前，用人手把手錶放在磨輪下打磨，手指與機器的距離不足一厘米，而且工作過程會產生大量粉塵，2014年10月昆山有一間廠房因機器累積過多粉塵引發爆炸，造成百多人傷亡。

從這些觀察中，Roy和他的團決定投入自動化拋光機器的研發和生產中，這次研發歷時三年，由2014年直到2016年6月，技術團隊尋找到一個重大的突破，由此克服了「拋光過程中如何控制壓力」的關口，讓全自動機器能夠準確模仿經驗老到的師傅的技巧，成功研發和生產出成品。並且Roy是一名對質量有要求的工業家，他認為機器除了功能完備後，還需要擁有良好的外形及對細節進行細緻的處理，例如該拋光機造出來後，他覺得摩打外露的外觀設計太差，而且機器始終也會排出粉塵，所以他著手改進設計，以一個美觀的外殼包圍拋光機機身，再把摩打的位置密封，在密封箱加插一條抽風管，以簡單安全的方法抽走粉塵。那時候市面上沒有任何競爭，而且拋光的工序除了手錶生產外，其他產品如煮食爐具、球棒、手機殼等都需要應用，使他們做這門獨市生意十分順利，至2018已經賣出了幾十台拋光機。

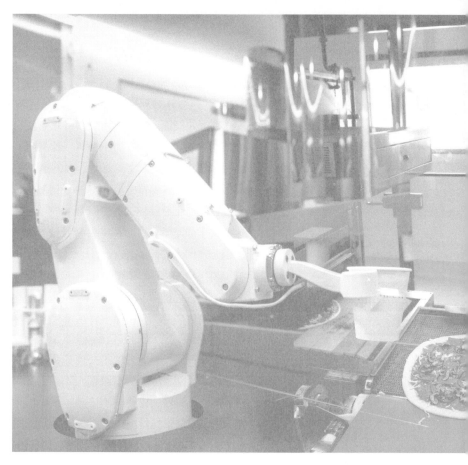

應用自動化系統在食物生產上，機械臂也可烹調出美味的食物。

　　這個項目的成功，確立了東興技術團隊研發、設計和生產的能力，Roy也得到父親和公司元老的肯定，繼續推進自動化機械的業務；可是Roy坦白地分享，他覺得工業自動化的工程項目十分沉悶，他想找到工業更好玩的地方。

◉ ｜ 「百寶袋」搜羅潛質自動化產品為顧客解決問題

　　Roy希望自動化工序不但改善工業生產流程，亦能夠實踐更多落地的意念，這個想法其實源自2012年集團在美國設計的一間提供機械人方案的公司。那時Roy和兩名同事為一間薄餅公司設計了一套應用自動化和物聯網的系統，當收到訂單後，一隻機械手便會自動打薄餅，將醬料和食材加到餅皮上，然後放進焗爐之中。他們把這套系統和50多個焗爐放在貨車之上，根據

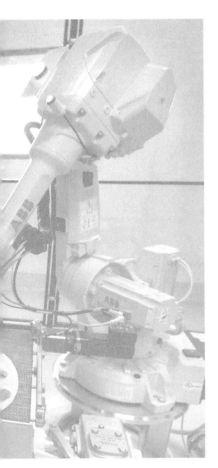

全球定位信息系統的資訊，當貨車還有六分鐘便到達送貨地址的時候，機械臂才會開始準備薄餅，讓貨車到達客人家門時，食物剛好新鮮出爐，使客人能夠享受香脆溫熱的薄餅。Roy認為這個專案真正能發揮到自動化的潛力，可是當時他並沒有投資其中，結果那間薄餅公司後來賣出業務時，讓他錯過了賺取三億美元的機會。他由此決定日後參與的項目都要參與投資，所以除了生產東興自行研發的機械外，Roy還會以投資者的角色尋找有潛力的科技產品，支持及推動該產品的成長。

Roy指出合作的方式通常有兩個，如果是較為成熟的產品，就直接將其收購或以代理的形式，拿到內地出售；如果是較為嶄新的意念，東興會投資其中，並且在研發和生產的層面上直接參與。其中一個例子是東興與香港理工大學一名教授在樂齡科技產品上的合作，該名教授在神經科學上做了長達九年的實驗，以一個試驗品證明如何以機械手協助中風的長者康復，但他在論文發表完後並沒有把產品量產。Roy認為香港每年增加約三萬名中風患者，內地更多達每年四百萬名新患者，物理治療的服務一定供不應求，這個產品正正可以解決這個問題。於是東興與這名教授達成了合作，結合他的知識與東興的生產經驗，將原型試驗品再設計，推出了名為「HandyRehab」的中風長者復康機械手。當長者把這個產品佩戴在手上後，機械手可以幫助長者去練習一些日常生活中的動作，例如拿水杯、拿電話，或者按電梯，使用機械手的長者能夠在七至九個月內，恢復九成的身體活動能力。這個產品的售價由30萬降為五萬一隻，使一般患者能夠負擔得起。

除了主動投資產品推出市場，Roy還會因應顧客向他表達的需要，尋找適合的科技去解決問題。運作上，Roy會先把顧客的需要分為機械發展及流程發展兩部分，再交給上海的團隊去評核，如果可能性太低的話，則會直接回絕客戶的要求，重新構思替代的方法。例如本港一知名食品集團委託東興為他們的廠房進行工業4.0的升級，委託方希望能夠探查所生產的產品有沒有雜質，並且能夠抽取、記錄和分析當中的數據，讓管理層可以輕易地監控每日生產的產品數量、重量、食材耗用量等等。這個系統需要很多感應器，包括重量、溫度、濕度和熱力等，如果每粒細小的感應器都要拉一條電線供電，設置和維護上並不太便利。Roy由此為他們發現到以色列一項半導體線圈的技術，讓電子產品可以直接透過氣空中的Wi-Fi採電，使用這項技術的感

東興提供的自動化生產設備可應用在多種工業上。

應器不用接駁電線,可以解決該食品集團廠房遇到的困難。

　　Roy自詡好像日本動畫中的「叮噹」,而客人就好像「大雄」,大雄在生活中遇到問題便要找叮噹幫助解決,而叮噹就要在百寶袋中找出合適的法寶來面對危機。

◉ ｜脚踏實地的管理智慧

　　東興是一個規模十分大的集團,業務遍布全國,有超過二萬名客戶,而上海的集中技術團隊也有差不多30人,Roy不論在團隊的管理、科研的管理或商務的管理,都用一種十分踏實的策略去執行。

　　當初上海技術團隊組班的時候,除了總工程師廣受眾人尊重外,其餘的人都來自不同的分部,工作文化有異,也不是一支立刻便能行軍打仗的隊伍。Roy在建立這支團隊的時候十分有耐性,他並不急於推進科研的計劃進行,

反而用了差不多三年的時間進行融合，讓手下的員工進行大大小小的專案磨合。有一批人很快不習慣，便離開了上海的基地；另外一批人顯示出十足的幹勁，Roy便把他們提拔，同時吸納新人進來。而身為領導層，Roy也有一套他自己的信念：「如何能夠訓練一個團隊呢？我覺得如果我身為老闆，自己也走去學的話，其他人便沒有藉口推搪不學，所以我有一段時間長期在上海跟那個總工程師學習，有時則入廠跟師傅一起捱夜工作。經過這些努力後，跟所有工程師都建立了良好的關係，有事情發生的時候，有足夠的權威去介入，現在他們十分聽話。」Roy利用三年去建立這個緊密的團隊後，才在2014年開始其拋光機的工程，而其項目也是一大成功。

雖然拋光機最後成功投產，但研究過程也不是沒有挑戰，曾經遇到一個技術關口無法突破，Roy帶領他的團隊耐心地以排除法的方式，逐一去嘗試不同的可能性。拋光這個工序的關鍵在於壓力和力度，當要打磨的物品壓得太大力的時候要放鬆，太細力的時候要按緊，力量恰到好處的打磨，方能打磨出光滑的表面。然而，自動化機械在模仿這個過程的時候，難以達致人腦和人手感官溝通的速度。Roy形容他們研發的過程：「我們不完全知道下一步應該做什麼，但我們知道基本的原理和探索的方向。」

面對這個難點，他們十分清楚要克服技術困難，然後根據機器運作的原理去探索突破的地方，可是嘗試了很多的方法最終也以失敗告終。最後，在2016年6月，他們從摩打的方向去嘗試，技術團隊推論出，如果打磨時候磨輪受到額外的壓力，那麼機械摩打的最高轉速應該會減少，在試驗後，這個假設果然成立。之後技術團隊利用人工智能去推算摩打轉速與打磨壓力之間的系數，再用這個數據來讓拋光自動臂運作，成功突破了技術的關口。在拋光機之後，團隊也參與過其他食物、醫療、工業的自動化項目，這些過程建立了他們的核心技術——運動理論。所有關於摩打與機械移動的數學與算式都是他們最出色的地方，並且在其所有自動化工程的產品中都有應用；相反，如果是不熟悉的科技，Roy則會十分決斷地以採購的方式來彌補，這讓團隊的發展方向十分清晰及明確。

然而，出色的產品投放到市場後，並不代表會受到市場的認可。Roy指出上一代的工業家行事十分謹慎，著重過往的參考例子，一種技術或機器如果有其他廠房應用過，才會放手嘗試。Roy在初期去推銷他的產品時，常常需要免費地拿給廠房試用，並且要簽署無條件的退款合同。在這個過程中，

東興成為香港生活自動化的領航者，獨家代理多個自動導航機械人，包括 TEMI 和 RUN。

Roy學習到要以產品穩定性來說服廠家，若果廠房需要一隻做300件產品的機械，Roy便做3,000次的疲勞測試，或引用其他廠房的成功應用例子，往往都能夠說服客戶。而這些廠房一旦向東興下訂單，東興便會透過長遠的產品升級、維護服務等，建立與客戶的長久關係，因此Roy說：「我們幫客戶解決過一次問題後，我們也永遠互相連結了。」此外，Roy在營銷過程中發現很多廠房的第二代都並不滿足於繼承上一輩的產業，希望在生產方式或產品上有革命性突破，所以當有新項目要找廠家合作時，Roy往往先接觸第二代的年輕工業家，再由他們反過來說服家中的上一輩，這樣收到的成效也更大，這未嘗不是Roy管理業務的一種務實的策略。

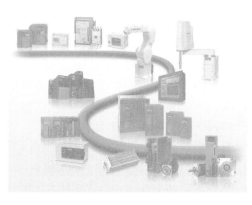

東興代理三菱的不同工控及數控產品系列。

現在，東興上海技術團隊所研發的機械只佔集團營業額的一成，但是毛利可以達到50%，相反另外九成的傳統分銷業務，大概只有5至6%的毛利，可見Roy所帶來

的變革長遠對公司的利潤和發展將越來越重要。而且研發的項目也反過來幫助穩定貿易分銷的項目，因為三菱對其分銷商的技術水平要求也十分高，要求他們能完善地為廠商客戶提供支援和維修服務，上海團隊研發和工程的能力，讓東興得到了三菱的信任。未來東興將繼續以香港作為商務的總部，而Roy則會進駐科學園設立人工智能研發實驗室，期望開發人工智能為產品進行品質檢定、研究改良醫療康復機械手及能夠教樂器的人工智能系統。

TAKEAWAY

尋找公司具潛力的地方作為變革的基礎

Roy從美國回到香港的時候，被授予為公司尋找新發展方向的重任，但他沒有立刻從外部引進入新的團隊或技術，反而有耐心地向內部尋索，並且組合公司內部的專才，付出時間和金錢加以培養，成就了一支十分可靠團隊作為變革的基礎。

Roy發現公司作為三菱產品的分銷商，除了賣出產品外，還要為客戶提供技術支撐指導與機器維護，因此有很多出色的技術人員分布在內地分公司。他把這些技術人員集中在上海的分部，由公司的總工程師領導，用了共三年的時間去培訓，最終建成了一支能力優秀及關係緊密的技術團隊。

為顧客解決問題作為科技研發和投資的方向

在自主的拋光機研發和生產成功後，東興的團隊已漸漸建立了運動理論作為其核心技術，摩打與機械運動之間的算式是他們的強項，因此他們會聆聽各行各業客戶在其業務和日常生活的需要，利用他們的技術去為他們打造系統。若需要牽涉到他們專長以外的技術，亦會投資其他有潛力的科技與產品，協助研發和生產。

例如一個大規模的本地食品集團希望東興為他們打在工業4.0的自動化生產系統，並且能夠收集和分析即時的生產數據，讓管理層能夠監控生產的狀況。東興便運用他們的既有知識為他們打造廠房的自動化感器，並安裝溫度、濕度等不同感應器去收集各種數據，可是供應感應器的電力是其中一個需要考慮的問題。Roy便為客戶找到以色列一個透過半導體線圈以空氣中Wi-Fi為產品充電的技術，引進之後便可以解決拉電線等各方面的問題。

排除式的研發方式

團隊在研發新產品與技術時，由於沒有前車可鑑，往往會遇到技術上的難關，Roy採取務實的方法，在找出問題的癥結後，以排除法的方式，逐一嘗試可行的突破方式。

在開發拋光機的時候，團隊發現以壓力感應器等技術都難以令自動機械臂模仿到人手的反應速度，判斷反應的延遲也使項目在最後的階段遇上瓶頸。Roy和他的團隊便逐個可能性去排除，經歷一段頗長的時間，最終發現拋光磨輪受到的壓力與機械摩打的最大轉速互相影響，他們可以透過量度、分析兩者關係的系數，從而使機械臂能模仿到人手的反應速度，成功突破技術關口。

深刻驗察生活文化的電子創科集團

保力集團

推出高新科技產品時
應該考慮什麼因素？

應該怎樣制定
企業朝橫向發展的路向？

ProVista
TECHNOLOGY

汽車防盜及電子產品是保力的第一條核心生產線。

保力集團（ProVista Group）由莊子雄（Steve）於 1995 年在香港創立，以汽車保安產品起家，以創新和科技作為企業的核心基因，集團現已涵蓋汽車及休閒旅遊車電子產品、太陽能能源及儲能科技、智能家居和初創企業培育四大業務，是本地一間成功的創科企業。

◉ │ 香港創新科技先鋒

　　保力集團的行政總裁Steve畢業於香港理工大學，其後留學英國繼續攻讀電子及電腦工程及到美國加州進修工商管理碩士課程。他在1995年看中了香港所擁有的特殊位置和龐大的機遇，回港成立了保力集團，投入創科業務。Steve發現很多內地的廠家都高度依靠香港作為貿易和廣告的渠道，商務非常活躍，並且香港作為東方與西方之間的重要中轉港口，擁有更彈性的資金及貨物的出入口政策，是一個適合創業的地方。他認為：「產品從最初的概念、設計到最後推出市場的過程，是夢想成真的過程，如果產品能真正反映消費者的需求，符合市場的要素，成功的機會是高的。」

　　在1990年代，歐美汽車盜竊的問題嚴重，市場缺乏有效及合適的防盜設備，這讓Steve看到了其中的商機，他和技術團隊花了一年的時間進行研發，最終創造出最新的實用汽車防盜DIY系統。Steve及其技術團隊檢視到舊

1995

莊子雄（Steve）創立保力集團

1996

在東莞開設廠房，投入汽車及休閒旅行車的電子產品研發及生產。

2002

進入閉路電視監控及數碼錄影事業

2009

設立 ProVista Technology，研發太陽能發電系統及儲能科技。

2015

創立樂齡科技產品品牌「愛家小哥」（ProVista Care）

2018

興建東莞保力創科園，作為培養創意與尋找合作機遇的園區。

式產品的問題，在於需要安裝太多感應器，導致產品的安裝費用比產品本身的價格更昂貴，若然能透過一個集中的感應器去偵察汽車的異常動靜，便能夠將原本專業級的產品簡化為DIY的產品，方便消費者安裝及使用。由此他們以「all in one」作為研發的思路，利用更先進的科技，將所有感應器都集中在汽車車頭的位置，例如賊人打碎玻璃時，玻璃碎裂的聲音會產生一個獨特的音頻，他們只要在車頭安置一個聲音感應器去辨識玻璃碎裂的音頻，便可以取代原本貼在玻璃上的感應器；又可以在車頭發射覆蓋全車的微波感應器，如果有不尋常的動靜便會發出警報，以此取代車門上的感應器。如此，他們設計和生產了全新的簡化汽車防盜系統，在市場掀起一股熱潮，大受歡迎，在國際市場賣出超過300萬套，為保力集團的事業打響頭炮。

這個項目奠定了保力集團的企業特色，Steve強調保力集團的基因就是創新、科技與創意三個元素，而激發這個基因的並不單單是對於市場需求的認知，而是更進一步對市場文化的深刻理解，明白不同社群的生活和消費習慣，才能真正造出符合消費者需要與期望的科技產品。正如汽車防盜是人所共知的市場需要，但對於智能裝置的使用文化的理解才是真正讓保力集團的產品脫穎而出的主要原因。

◉ | **考慮消費者生活文化　創造新產品線**

在防盜產品獲得成功後，保力集團隨即急速發展，Steve指出了企業發展的必然路向：「當第一桶金贏回來後，公司的演化一定是要去升級生產系統及擴闊產品線，問題只是市場在哪兒。」在1996年，保力集團在廣東東莞設置了製造及研發基地，及後在歐美再開設辦事處及產品開發中心，但是堅持以香港作為總公司的地點，因為香港擁有發達的互聯網絡和蓬勃的貿易活動，可為集團提供強大的資訊流，有助他們作出敏銳的市場判斷，出產靈活性和吸納性更高的產品。

保力集團由第一條產品線開始，繼承汽車警報系統的方向，出產汽車電子產品，專注於休閒旅遊車方面的發展。Steve解釋這衍生業務的方向是源於他們對歐美市場文化的理解：「我曾經在歐洲生活過，所以十分了解西方人的生活

保力在 2009 年
開拓太陽能發電
和儲電裝備的產
品線。

文化，他們家庭購買一部休閒旅遊車作長途旅行時，黃昏便會泊進露營車的營地，營地有水電供應，而他們則在車上煮食、玩樂和休息，有些人甚至長期居住在休閒車內。」保力集團的團隊理解到歐美消費者的這種生活和旅行文化，推出了一系列的休閒車作業系統、能源系統和保安系統等等。然而休閒車的系統用電量十分高，所以他們的團隊為休閒旅遊車提供電力供應的解決方案。

保力集團於2009年開設了ProVista Technology，開拓另一條產品線——太陽能發電裝備和儲電裝備，並研究如何提升相關能源生成、儲存和管理的電池技術。保力新能源為不少珠三角廠商設計及建設屋頂太陽能發電及能源轉換系統，為企業實現減碳環保，提供高投資回報選項。亦配合香港的環保發電方向，保力太陽能團隊為香港的各類大廈、學校、鄉郊小屋等建設太陽能發電系統。而有了發電裝備後，儲電裝備隨之成為市場上自然的必需品。以家庭用戶為例，在正常日子，大部分家居用戶在白晝的時間都外出工作，晚上才回家休息，因此需要儲電裝置把白晝時所產生的能源儲存起來，供晚上使用，省錢又環保。此外，Steve特別舉出一個例子，點出美國家庭對電器的使用和需求的文化特點：「有別於亞洲家庭每天購買食材的習慣，歐美的家庭通常每周只會添購家中食材一次，所以供電穩定的大型冰箱是西方

家庭的命脈。而保力的太陽能系統在天然災害或停電的情況下,仍可繼續運作。」所以綠色能源的設備固然對於環境保護方面帶來莫大的貢獻,減少傳統燃料發電所排出的溫室氣體和有害物質,提升大氣環境和社區環境的質素,同時還改善了消費者的日常生活和工業過程。

◉ | 透過多元化合作　在科技快速變幻的市場中繼續成長

2015年,保力集團推出第三條產品線——「愛家小哥」(ProVista Care),主攻內地的樂齡科技市場。保力集團與不少其他機構與企業合作,將最先進的人工智能和物聯網的科技應用到這些產品上。

隨著內地老人比例持續增加,隨之而來,有醫療和護理需要照顧的人越來越多,安老服務與科技成為了中國社會中的一大議題,同時是一大商機。有見及此,愛家小哥推出了智能管家和保鈴安兩個產品系列。長者發生事故的時候,往往失去向家人或鄰舍求助的能力,尤其發生在廁所或廚房等濕滑地面因滑倒而骨折的意外。智能管家就是考慮到這個情況而誕生,它可以連接不同的感應器,去監察家中溫度、濕度、煙霧、易燃氣體及長者維生數據等基本資料,並且擁有人工智能分析的能力,藉著對家中動態的感應,如果發現長者很長時間都沒有移動,便會發出警示聯絡他的家人,讓他們盡早向長者提供協助。子女也可以透過手機上愛家小哥的應用程式,連接智能管家上的360度旋轉的鏡頭,實時地查看家中的狀況,即時與父母語音通話。

而保鈴安則是一個智能穿戴產品,類似香港本地「平安鐘」的升級版本,它擁有「電子圍欄」和「跌倒自動警報」兩項獨特的功能。電子圍欄利用精準的定位系統,讓子女可在地圖上於父母的所在位置定立一個活動範圍,若父母在子女不知情的情況下離開了那個範圍,便會發出警報,讓子女盡快尋回父母。部分長者及大部分失智症的患者並不能辨認道路,獨自走失之後很容易迷路;而穿戴產品同時有一個感應器,能夠自動感應到長者跌倒,並會自動發出警報,手錶內置了Sim卡,長者可以直接一個按鍵向子女、救護部門或愛家小哥的熱線中心求助。

「愛家小哥」保鈴安智能手錶,擁有電子圍欄和跌倒自動警報兩項獨特功能,讓長者在發生意外後,可更迅速地得到援助。

在開發愛家小哥產品的歷程上,Steve指出多元化合作是他們重要的策略:「現在

保力集團於 2019 年第三度蟬聯電子業商會年度大獎及亞洲電子信息產品創新大獎。

世界的科技變化得太快,沒有可能全部技術都由我們的團隊自行研發,我們會與大學、研發中心和私人機構相互合作。今時今日做生意一定要持著開放的態度,觀望市場中的新技術,見到別人擁有自己沒有的產品和技術時,更加要主動合作。然而,我們的產品仍然擁有自己的深度和特性,就是出於對用戶家裡生活習慣的深刻洞察,而開發出我們的產品。」

經過多年的努力,保力集團獲得了多個獎項,如「香港電子業獎」、「電子業年度大獎」、「香港科技創新大獎」、「恒生泛珠三角環保大獎」、「香港工商業獎之消費產品設計大獎」、「東莞市節能示範點」、「社會責任榮譽單位」等,足見他們在科技研發上的成就。

◉ │ 初創企業培育及創科園

在粵港澳大灣區發展規劃綱要之中,科技創新中心被列為區內發展的重要項目,對大灣區未來的可持續性有重要的影響力。Steve觀察到這個新的趨勢,認為企業必須進一步向創新及高科技方面發展,於2018年帶領集團在廣東東莞投資並創立保力創科園。

保力創科園位於東莞松山湖創新園區,毗鄰廣東科技學院及東莞理工學院,這個選址為創科園提供了優越的地理條件,讓集團可以充分利用大學的人才、研究人員及各類人力資源。保力創科園積極與大學展開專題研究,把研究成果轉化成符合市場需求的產品。科技研究及轉化的過程提供了創業機會給有創意的年輕人,從而做到產學研相結合。保力創科園提供一條龍服務去幫助年輕人實踐創業,園區內提供創業培育計劃、種子加速器,還有專業的工程及生產製造團隊協助;創科園還引進了以色列投資者在園區創立創科基金,投資於園區中有潛力的公司。保力集團運用豐富的國際及本土資源,為年輕創業者提供由手辦、設計研發、工程協助、生產檢驗,乃至產品推廣及融資等全方位服務,幫助初創企業快速成長,推向市場。Steve對於創科

園寄予厚望：「希望保力創科園可以打破年輕人對傳統工業的看法，吸引更多的人才加入科技創新行業。」

　　園區不僅是一個創科基地，更是作為一個可持續發展的環保社區，結合人文、科技和自然環境的標誌性設計，使用創新的綠色建築技術，充分利用自然元素，減少建築對環境的影響。創科園內提供了各種娛樂休閒活動的場地，園區內及周邊的人都可在園內散步、跑步、休憩等，區內亦有餐廳、咖啡店、酒吧、會所、健身室等配套設施，周末還會舉辦各種環保及有機農作物市集或相關活動，以此建立友善和環保的社區，創立環境與建築，建立與人的和諧共融關係。

　　保力集團創立至今24年，以四大業務支柱擴展企業，不同的電子科技產品進佔全球各大洲的不同市場，不斷成長，成為香港創新科技企業的範例。

TAKEAWAY

企業透過不斷的橫向發展去維持增長

　　Steve指出一件產品成熟後，企業的進化必須透過擴闊產品線和提升生產效能來達至，否則抱殘守缺的公司最終只會被市場淘汰。

　　保力集團在1996年便在東莞建立了完善的廠房，並且不斷地籌劃及推出新的產品線，在DIY一體式汽車警報系統獲得成功後，全力投入汽車電子產品行業，2009年起建立新能源及儲能科技產品線，2015年面向內地市場，推出樂齡科技生態系統。2018年興建保力創科園，培育創意，支持創科，建立國際科技創新一站式平台。

透過理解消費者的生活文化推動新產品研發

　　Steve相信創科產品不但要回應市場需求，更要從消費者的生活習慣、整個社會文化中所遇到的實際問題入手，從而去決定產品的功能及研發的方向。

　　Steve從多年國外的生活中，以西方家庭的消費和生活習慣為參照，帶領團隊研發了太陽能充電器和儲電池，當遇上自然災害導致正常供電斷絕的情況下，儲能系統可以繼續提供電源給必要的設備。

積極透過不同合作關係，推動集團的產品和科技進步

　　保力集團的核心技術在於汽車知識和能源設備，他們抱開放的態度，與其他機構合作，帶動科技融合，研究新產品及新領域。

　　保力集團推出「愛家小哥」的長者智能設備的時候，運用了大量雲端、人工智能、物聯網等範疇的技術，這些並不是他們的傳統強項，於是他們和大學、獨立研發室和其他商業機構合作，共同把智能管家和保鈴安兩個成功的產品推出市場。

CASE STUDY 05

個案研究 | 五

科技初創先鋒

路邦動力

初創科技企業
如何在兩年間拓展
香港、內地及海外市場？

中國首個 5G
動感控制仿生機械人
如何在香港誕生？

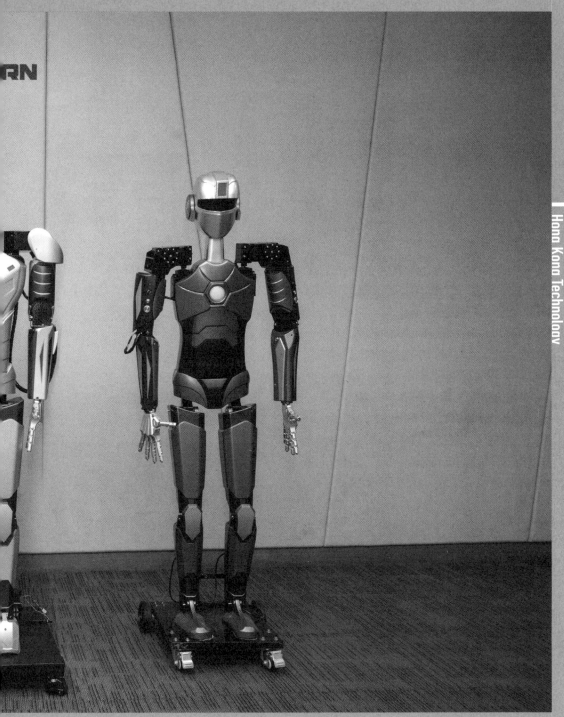

路邦提倡 Techanization，實現科技融入生態，讓人機協作，虛實互動，使整個生態生產力和效率提升，讓人類活得更好。

麥騫譽（Mark）和呂力君（Eden）於 2017 年創辦路邦動力。Mark 畢業於香港科技大學電子及計算機工程學系，後於美國加州大學伯克萊分校深造取得博士學位。2009 年他在香港中文大學進修工商管理碩士時遇上同學 Eden，商科背景的 Eden 曾在一些大公司從事品牌相關的工作。同為機械迷的他們一拍即合，著手開發動感控制仿生機械人並成立公司，2019 年 Mark 和 Eden 的老師即香港中文大學的潘嘉陽教授（Larry）加入路邦，負責公司架構及戰略管理。路邦成立第二年就獲得「2018 年香港工商業獎設備及機器設計大獎」，2019 年又贏得「資訊科技初創企業大獎」。

◉ ｜技術優勢

路邦以動感控制系統為核心技術，配合 5G、人工智能、物聯網、雲端等技術推動及發展全面化的機械人產品及解決方案。

傳統機械人普遍採用人工智慧、編程技術或遙控器操作，而路邦的動感控制仿生機械人，則通過由用戶配戴機械臂動感控制器，以肢體移動，直接控制機械人的動作，令兩者動作完全同步，人機合一。Mark說，動感控制機械人早在2015年在日本、韓國及德國等地出現，但技術有局限，如需全身穿著感應器，而且操作笨重，如日本機械人的感應器重達70公斤，令用家不便。於是他想出為感應器減重，只需一對各重0.5公斤的手臂動感控制器，亦可做到同等靈敏度，是一大技術突破。「團隊研發出一套先進的演算法，並擁有自主研發模組。有了核心技術，我們的

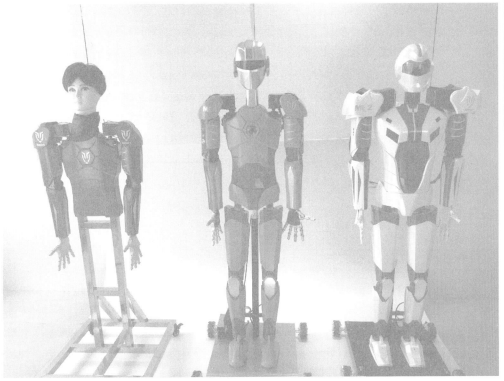

路邦的機械人技術越來越成熟，已由第一代 ME-0 發展到 ME-1、ME-2 及 ME-3，可經由 5G 操作。

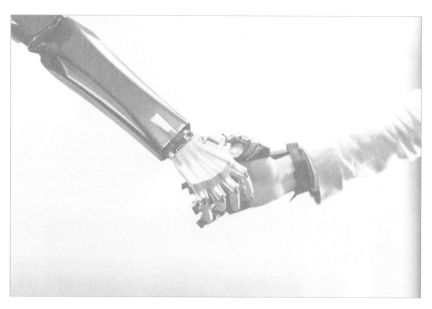

路邦的機械手臂關節及手指動作十分靈活。

機械人可做到只需要四個動感控制器，便可控制全部操作，而目前市場上的機械人，至少需要20個傳感器。」Eden說。路邦的機械臂模仿人類上臂結構設計而成，機械自由度（Degree of Freedom）有十多個，機械臂關節及手指動作靈活度都較高。路邦的機械人頭部內置攝像鏡頭，用戶使用虛擬實境（VR）鏡頭時，通過頭部移動，能遙距觀看機械人眼前景象及周圍環境。

除了控制路邦自己設計製造的機械人，路邦的動感控制系統具有很強的兼容性，可以控制目前市面上幾個大品牌的機械人，例如香港生產力促進局引進的KUKA機械人也可以用路邦的動感控制系統進行操作，大大增加了應用的空間。

◉ ｜ 應用廣泛

Mark和Eden最初做動感控制仿生機械人的想法以娛樂為主，希望打破傳統遙控玩具如機械人、遙控車的方法，以全世界的機械人發燒友為主要對象。很快他們的機械人發展到工業用途，用於危機處理及危險操作，如爆炸品、輻射或高壓電、強磁場等場所，用機械人替代人工作業。這令路邦得到很多海外客戶的訂單，如美國電力公司和英國拆彈公司。

除了這類不適合人工作業的工作，機械人還可用於需要重複作業的場景。例如目前正在研發的老人護理項目，由物理治療師操作機械人為老年人

2017

成立路邦

2018

推出動感控制ME-1機械
人;在中國移動和中興通
訊的技術支持下,於12
月推出5G動感控制仿生
機械人;獲得香港工商業
獎:設備及機器設計大獎

2019

獲得香港資訊及通訊科
技獎:資訊科技初創企業
大獎及資訊科技初創企
業(硬體與設備)金獎。

路邦的仿生機械人用途廣泛,能替人類處理不少工作。

做按摩一類物理治療,治療師只需做一遍動作,機械人記錄
下來之後就可以設置成重複操作,減輕治療師的工作。由於
可以遠端操作,無須老人出門,在家中就可以通過機械人與
醫護人員交流,機械人上的感應裝置還可以測得老人的體
溫血壓心率上傳到雲端,與其他智慧化應用配套,實現家居
護老。

◉ | **多元化的商業模式**

從2017年路邦已經成功開發三代機械人,近期研發當
中的第三代動感控制仿生機械人ME-3,可模仿操控人員頭
部以及手部動作,關節位置及手指更加靈活,預計2020年正
式推出市場。

除了直接製造和銷售機械人外,路邦的另一個主要業
務是銷售動感控制系統(motion control system)的電路
版(PCB)模組。客戶按照路邦提供的硬件設計圖在當地找
生產商製造出機械人或機械手臂後,安裝PCB模組就可以
實際應用了。路邦的第三種模式則是幫客戶做原始設計製造
(ODM),根據客戶的要求個性化的定制機械人,例如需要
在高溫環境下作業的機械人,或是能夠提起一定重量的機
械人。

路邦將機械人
產品帶到全球
不同的展覽會，
先進的動感控
制系統在同業
之中尤其突出。

◉ ｜引領5G潮流

　　Mark和Eden看到近年全球積極發展5G技術，便思考公司的機械人能否參與其中，他們嘗試主動聯繫中國移動，沒想過對方很看好動感控制仿生機械人作為5G的應用，中國移動的5G技術供應商是中興通訊，於是開始三方共同合作，2018年在深圳西麗的中興通訊研發中心成功研發出中國首款基於真實5G網絡的遠程式控制機械人。這使中國在繼日本、德國後，成為第三個成功完成5G網絡、通訊端到端系統、機械人模組調通的國家。

　　5G網絡下操作者能對機械人實現毫秒級遠程實時控制，延時比目前4G或WiFi網絡最高可縮短十倍以上，大大提高了機械人動作的精準度。動感控制機械人作為5G應用之一尚處於初級階段，真正的推廣還有待5G網絡真正取代4G得到大範圍的應用之日。路邦已經提前搭上5G的高速，成為未來5G應用的引領者。

◉ ｜善用兩地資源

　　公司成立之後，Mark和Eden善於利用香港和內地的創業資源，令到路邦迅速發展。香港和內地提供了一系列創新創業的鼓勵措施，例如香港貿易

發展局透過自身平臺，向國外推介團隊的研究和產品。但Mark認為香港更注重軟件，在人才和硬件如場地方面受限較多，因此路邦位於香港的總部集中處理演算法、軟件及硬件設計等工作，硬件組裝、技術測試、機件結構等則在內地進行。目前機械人的主要生產在東莞，原材料都來自內地，零配件和產業鏈上下游企業非常齊全，成本也更低。路邦通過參加深圳、東莞、廣州等地舉辦的創業大賽，得到當地政府的優惠政策，及後在深圳前海建立了一個國內總部基地。與內地的中國移動和中興的合作，更直接幫助路邦進入到5G的新興領域，並借助合作的平臺接觸到內地市場。

路邦無論在核心技術、市場應用、商業模式還是資源利用方面都佔據了一定優勢，在研發初期沒有投資方的情況下，自主創新穩步發展，期待路邦在未來成為享譽國際的香港創科企業。

TAKEAWAY

技術領先

路邦以動感控制系統為核心技術，配合5G、人工智能、物聯網、雲端等技術推動及發展全面化的機械人產品及解決方案。

路邦自主研發的動感控制機械人相比市面上其他同類機械人更為輕便靈活，動感控制系統超強的相容性增加了應用空間。

通過演算法上的改進，路邦的機械人做到只需要四個動感控制器，便可控制全部操作，而目前市場上的機械人，至少需要20個傳感器，導致感應器笨重，難以操作。

靈活的商業模式

路邦不僅銷售標準化的機械人，亦幫客戶做原始設計製造（ODM），根據客戶的要求量身訂做特殊功能的機械人。

另一個主要業務是銷售動感控制系統（motion control system）的電路版（PCB）模組。客戶按照路邦提供的硬件設計圖在當地找生產商製造出機械人或機械手臂後，安裝PCB 模組就可以實際應用了。

應用創新

路邦的機械人從最初用於玩家娛樂，發展到提供給企業客戶用於高危操作，再到老人護理等新的應用領域，不斷創新，開拓市場空間。

正在研發的老人護理項目，由物理治療師操作機械人為老年人做按摩一類物理治療，機械人可以重複治療師的動作，減輕治療師的工作。老人無須出門，在家中就可以通過機械人與醫護人員交流，機械人上的動感控制裝置還可以測得老人的體溫血壓心率，上傳到雲端，實現家居護老。

設計工具箱：
整裝踏上
設計策略之路
DESIGN
TOOLKITS

在上冊中，我們用圖表整合了企業在不同發展階段展現的特徵，先向讀者概述有關企業成長的背景資訊。此外，我們也在上冊點出了創建工具箱的目的 —— 帶來思維模式的改變。正正因為從 OEM 到 ODM，以及進一步走向 OBM，甚至 OSM 的過程不一定會直線發展，中小企需要擁有一套有效的策略協助其進行業務轉型。因此，下冊的推出就是為了加深討論各種有助中小企領導層使用設計策略的方法，即活用不同設計思維工具，為企業重新進行規劃，從思維方面著手，造就創造性的改變。

工具箱用四個管理步驟對應七種設計創新模式和一些設計工具，解釋其路線圖：

戴明輪的持續改進管理法（Deming, 1950），主要包括四個步驟的循環：計劃（plan）、實踐（do）、檢查（check）和執行（act）。同時，七種的設計創新模式和其工具也可以根據這些步驟分類。除了解釋步驟之原則，工具箱還包括使用設計工具的概念、心態和範本。

應用工具時會衍生大量的資料，建議團隊準備一個空間，可以是「作戰室」或者「牆壁」。目的是為了匯集和展示搜集、分析和整合的成果，並可即時檢視進度和過程，需要時作出調整，以便縮短溝通的時間和增加活動的效率。

戴明輪的持續改進管理法

研究出持續改進管理法的威廉‧愛德華茲‧戴明（William Edwards Deming）被譽為現代質量控制之父，他強調設計、生產、銷售和研究之間不斷互動的重要性，以及四個步驟應該不斷旋轉，並以產品和服務質量作為目標。戴明的史哈特循環模式在 1951 年略有修改。日本人稱之為「戴明輪」（或戴明圈）。現將四步管理法的細節羅列如下，而每個步驟均涉及不同類型的設計工具。

七種設計創新模式（改編自：101 Design Methods: A Structured Approach for Driving Innovation in Your Organization）

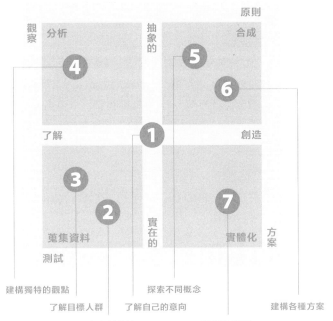

	描述	七種設計創新模式	設計工具*
計劃	審視現有狀態；找出問題和機遇；提出一個商業性的假設以作測試。	❶ 了解自己的意向 ❷ 了解設計情境 ❹ 建構獨特的觀點	Ⓐ HMW 論述 （How-Might-We statement）
執行	迭代並測試潛在的方案	❸ 了解目標人群 ❺ 探索不同概念 ❻ 建構各種方案	Ⓑ 人物誌（Personas） Ⓒ 同理心地圖（Empathy map） Ⓓ 用戶體驗旅程圖 （User Journey Map）
檢查	研究在方案測試過程中所得的結果，重新審視假設的有效程度。	❺ 探索不同概念 ❻ 建構各種方案	Ⓔ 訪談與問卷調查 （該做和不該做） Ⓕ MVP （最精簡可行產品 Minimum Viable Product）
實踐	實施方案，為下一個創新周期推出經過驗證的產品／服務／系統。	❼ 將產品實體化	Ⓖ 實施計劃 （Implementation plan） Ⓗ 簡報（Brief）

* 所有設計工具都可以在任何階段根據需要以不同的意圖或目的互換和頻繁地應用。

DESIGN TOOLKITS
設計工具箱 一

簡介

HMW是一個很短的問題，其答案是描述如何使用高層次的途徑面對挑戰，並提供解決方案。此方法之目的是，為挑戰提供一個說法，為腦力震盪開闢多個可行方案。HMW為創新項目提供合適的框架，既廣泛兼有具體性，為創造力制訂合理的範疇，提供各種各樣可能性。

投入

將整個「問題（problem）」分拆成可執行的短句（actionable statement）或關鍵字。

步驟

❶ 進行腦力震盪尋找與問題相關的「動作詞（action word）」/「片語（action phase）」、「主語（subject）」、「結果（outcome）」、「技術（technology）」。

   ⓐ 動作詞／片語：指有助於描述項目中要實現的事情，例如：「重新設計」、「促進」等。

   ⓑ 一個主語（subject）：指項目的目標持份者。

   ⓒ 一個結果（outcome）：指項目的理想結果。

   ⓓ 一項技術（technology）：指可選擇用以實現結果的關鍵技術／技能。

❷ 編輯已尋找到的「動作詞（action word）」/「片語（action phase）」、「主語（subject）」、「結果（outcome）」、「技術（technology）」成為一個「疑問句（question）」。

結果

一句「疑問句（question as a statement）」能夠為項目提供框架和合適的創新方向。

例一：

我們如何為喜愛運動的客戶（主語）重新設計具有更優良人體工學（技術）的穿戴式音頻產品（行動），以向他們提供更好的運動體驗（結果）？

喜愛運動
的客戶 **+** 優良人體
工學 **+** 穿戴式音
頻產品 **+** 更好的運
動體驗 **=HMW**

主語組　　　　　技術組　　　　　行動組　　　　　結果組

例二：

我們如何利用健康追蹤技術（技術）為有健康問題的中上階層人士（主語）重新設計經典手錶品牌的產品（行動），以便有效收集有關用戶健康的數據（結果）？

中上階層
人士 **+** 健康追蹤
技術 **+** 重新設計
經典手錶
品牌產品 **+** 收集有關
用戶健康
的數據 **=HMW**

主語組　　　　　技術組　　　　　行動組　　　　　結果組

時間建議活動 | 40分鐘 | 中等 | 難度

設計工具箱 | DESIGN TOOLKITS

簡介

創建人物誌（Personas）的目的是為了有足夠清晰的用戶背景資料，為創作方案（產品／服務／系統）的過程提供較全面的考慮因素。

人物誌是一份能夠代表產品／服務／目標用戶／持份者的用戶資料文件。透過尋找不同資料和數據中的規律，或與多個同類型的用戶進行訪談和觀察，完成的人物誌才能夠將一組人物需求標準化，有助企業理解目標用戶在特定情況下的渴望和需求。

人物誌必須根據真實的研究數據創建，大致分為兩類，一是典型用戶的數據資料，二是由用戶資料或行為中整合出來的常態與規律。

投入

目標用戶的訪談和與其有關的資料及研究數據。

步驟

❶ 搜集資料（包括訪談內容）和數據：從資料和數據通常都能反映出目標用戶遇到的問題。

❷ 分析和整理資料和數據：可以包含以下元素：個人照片、姓名、職業、年齡、性別、對科技的認識、學歷、目標用戶當前的需要及願景、在面對問題時的考慮因素、最常遇上的典型問題等等。

❸ 發現常態與規律：能找出目標用戶的共同關注點和面對的問題。

❹ 人物誌的應用：在進行腦力震盪期間，整個團隊可有同樣的思考角度。

結果

一組典型用戶的常態與規律。

人物誌（Personas）範本

<table>
<tr><td rowspan="2">請在此處畫下
目標用戶頭像

</td><td> 痛點
恐懼、沮喪和憂慮的時刻</td><td>2 收穫
渴望、需求、願望和理想</td></tr>
</table>

請在此處畫下
目標用戶頭像

 痛點
恐懼、沮喪和憂慮的時刻

2 收穫
渴望、需求、願望和理想

人物姓名、職業、年齡、性別、
對科技的認識、學歷

3 待完成的工作
他們嘗試完成什麼工作？
此工作有何重要性？

4 現實
現時如何完成工作？
過程中有否出現障礙？

5 經歷描述與觀察
寫下一些能夠最合適地形容過程中最常聽到的說法或發現的字句

6 考慮與情況相關的因素
是否有其他值得留意的考慮因素？

改編自："Persona"，Board of Innovation

設計工具箱 一
DESIGN TOOLKITS

DESIGN TOOLKITS
設計工具箱 一

簡介

同理心地圖（Empathy map）是將目標用戶對某產品/服務/系統的體驗歸納成四組：所說（says）、所做（does）、所想（thinks）和所感（feels）。它聯繫了團隊和目標用戶，讓團隊根據目標用戶的所說、所做、所想和所感，理解其觀點和需求。

投入

與目標用戶互動並進行觀察。

步驟

❶ 搜集資料：與目標用戶互動，以筆記、照片、錄像等記錄觀察。

❷ 將觀察所得歸納成四組：

　ⓐ 所說：目標用戶所說的重要語句和關鍵詞（筆記、錄音）。

　ⓑ 所做：目標用戶的行為舉止（照片、錄像）。

　ⓒ 所想：目標用戶的想法，如：

　　i. 為什麼用戶會以這種方式思考？

　　ii. 有哪些動機、目標和期望？

　ⓓ 所感：目標用戶的當時感受。在互動、觀察或採訪過程中，目標用戶的身體語言和說話語調。

結果

由洞察力衍生對目標用戶的同理心，找到目標用戶所說、所做、所想、所感的對應點，以便團隊提出更多可行的方案。

同理心地圖（Empathy map）範本

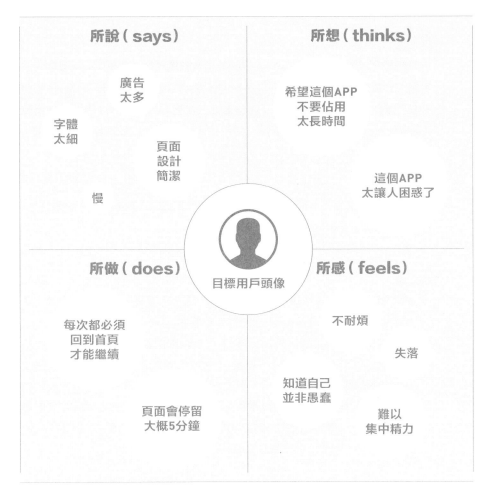

所說（says）

廣告
太多

字體
太細

頁面
設計
簡潔

慢

所想（thinks）

希望這個APP
不要佔用
太長時間

這個APP
太讓人困惑了

目標用戶頭像

所做（does）

每次都必須
回到首頁
才能繼續

頁面會停留
大概5分鐘

所感（feels）

不耐煩

失落

知道自己
並非愚蠢

難以
集中精力

改編自：The four quadronts of an empathy map from NNGROUP.COM

簡介

用戶體驗旅程圖（User journey map）是將目標用戶與「產品——服務——系統」互動時的體驗合理地分階段呈現出來。它能夠幫助團隊了解目標用戶使用「產品——服務——系統」時的體驗，並找出目標用戶使用過程中所有「接觸點(touch point)」（包括人、物和空間）與痛點，以及需要改善的範疇。

投入

目標用戶與「產品——服務——系統」互動時的體驗，團隊同時進行觀察記錄每個接觸點，並詢問目標用戶之內心感受。

步驟

1. 制定研究目標，從而決定資料搜集的範疇。範疇是指目標用戶與某「產品」、「服務」或「系統」互動的指定周期。
2. 如研究網上購物體驗，周期範疇既可是由瀏覽網站（起點）到收貨（終點），也可以是由揀選網上「產品」（起點）到網上付款（終點）；範疇由研究目標決定。
3. 整個體驗周期應按其先後時序排列。在範本的橫軸，應羅列所有互動體驗的接觸點；縱軸需按接觸點分類，可歸納為不同的「人」、「實物」、「虛擬物」、「空間」和「虛擬空間」。

結果

找出目標用戶使用過程中所有「接觸點（touch point）」與痛點，以及需要改善的範疇，包括減少痛點數量和接觸點，並維持甚至提升整體用戶體驗的流暢度。

設計工具箱｜ DESIGN TOOLKITS

用戶體驗旅程圖（User Journey Map）範本

 目標用戶圖像和姓名

該目標用戶的簡短描述

對目標用戶的重要性

典型的旅程

交替的旅程

	階段 1	階段 2	階段 3	階段 4
需求與期望				
行為				
接觸點				

情緒曲線

痛點

改編自：Kerry Bodine（http://kerrybodine.com）

設計工具箱 一
DESIGN TOOL KITS

E | 檢查 Check | 訪談與問卷調查 （該做和不該做）

時間 40分鐘 | 建議活動 | 中等 | 難度

簡介

訪談的目的是了解目標用戶與產品／服務／系統之間的關係。訪談可以面談、電話訪問和問卷調查形式單一或混合進行；建議問題的設計以半結構性和開放式為主。

投入

設計訪談問題集、主／副訪問者、持份者（受訪者）列表、訪談計劃、時間表和預備記錄訪談設備（如錄音筆、筆記簿、筆、相機／錄影機、同意書等等）。

步驟

1. 訂立訪談的目標，以問題的設計制定訪談範圍，並訂立個別問題用作事實查核。
2. 問題集的結構從較不敏感和偏向概況地開始，才進深發問更敏感和具體的內容。
3. 問題必須是客觀的，避免引導性的問題。
4. 制訂訪談計劃、時間表和位置，再進行訪談。

結果

訪談的資料（數據）可以音頻、視頻、文字或圖表的形式記錄，最後的研究資料必須統一為文字，再進行分析。

訪談與問卷調查（該做和不該做）檢查表

該做什麼 ✔

- ✔ 訂立訪談目標

- ✔ 設定訪談時限

- ✔ 訂立問題查核事實

- ✔ 以半結構性和開放式問題為主

- ✔ 問題保持精簡而具體

不該做什麼 ✘

- ✘ 避免提出引導性問題

- ✘ 避免提出含有立場的問題

- ✘ 避免否定句式提問

- ✘ 避免使用術語

- ✘ 避免多於一個問題

設計工具箱 一

DESIGN TOOLKITS

簡介

MVP是「最精簡可行產品」的簡稱,即是一個具備足夠賣點的「產品——服務——系統」,目的是為了盡快將新「產品——服務——系統」推出市場,讓最接受創新事物的高端客戶(pioneer/innovator)使用和反饋意見,以供該「產品——服務——系統」未來發展時應用。

投入

HMW、市場和環境調研、可應用的科技及技術、目標用戶體驗旅程圖(User journey map)。

步驟

❶ HMW(工具A):考慮設計過程和策略目標
❷ 市場和環境調研:目的是為了讓團隊認清現時市場所供應「產品——服務——系統」的賣點和可應用的科技及技術、微觀和宏觀的環境走勢 。
❸ 目標用戶體驗旅程圖(工具D)。
❹ 團隊進行腦力震盪,然後產生創意的點子。
❺ 評估點子(高影響 high impact,低影響 low impact,低緊急度 low urgency,高緊急度 high urgency)
❻ 最終構建 MVP。

結果

構建 MVP「最精簡可行產品」框架。

MVP（最精簡可行產品 Minimum Viable Product）範本

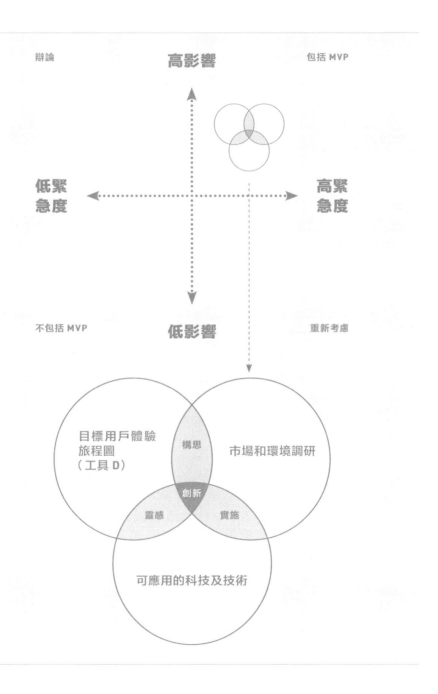

辯論　　　　　　　　　　　高影響　　　　　　　包括 MVP

低緊
急度 ←·····················→ 高緊
　　　　　　　　　　　　　　　　　　　　　　急度

不包括 MVP　　　　　　　低影響　　　　　　重新考慮

目標用戶體驗
旅程圖
（工具 D）

構思

市場和環境調研

創新

靈感　　　實施

可應用的科技及技術

簡介

顧名思義,「實施計劃(Implementation plan)」是為了把事情按計劃成功地推出並達到超出預期的效果和效益,大部份可謂「完美」的計劃都會因溝通不足而原地踏步。因此,此工具建議借鑑「加速溝通的五種方式」作為框架。實際上,「實施計劃」也就是一個有策略的「溝通計劃」。

投入

工具A至F的結果。

步驟

1. 實施計劃必須投入一定的資源。過程中,也需要定時檢討和調整。
2. 確定溝通的目的內容:概念原型、內容結構、其關鍵詞和次序、例子。
3. 發展不同表達方式,五種可參考的方式:隱喻、故事、口頭禪 + 流行語、對比和物件 + 圖像
4. 確定計劃:不同類別的目標用戶群、表達方式、時間、渠道的對應表。
5. 發展用戶群體驗的策略(tactic),五種可參考的體驗:探索性、浸入式、互動式、應用和擴展。
6. 擴大規模,讓所有持份者都能了解、參與和體驗其計劃。

結果

完成現有的實施計劃,並檢視效果和效益,為下一個「計劃(plan)、實踐(do)、檢查(check)和執行(act)」的周期作好準備,面對下一個挑戰。

實施計劃（Implementation plan）範本

關於「什麼」		關於「如何」		
內容		+ 持份者	投入程度	
1 確定溝通目的內容	**2** 發展不同表達方式	**3** 確定計劃	**4** 發展用戶群體驗的策略（tactic）	**5** 擴大規模
	隱喻			
	故事			
	口頭禪＋流行語			
	對比			
	物件＋圖像			

改編自 Kim Erwin

簡介

簡報（Brief）是一項綜合性的溝通工具，內容匯集三大部份：(i)工具A至G的研究分析成果，藉此(ii)檢視所有成果的方向是否一致或有矛盾之處，並(iii)勾勒當時的產品／服務／系統設計藍圖。製作簡報必須是易於理解和存取，並具共通「語言／符號」，避免「術語」；目的是讓不同背景和地區的持份者（例如財務經理、市場研究人員或設計團隊等），能同步了解自己和每位持份者需要計劃和完成的工作。

投入

工具A至G的結果。

步驟

❶ 將工具 A 至 G 的研究分析成果填寫到簡報（brief）範本中，並檢視所有成果的方向是否一致或有矛盾之處。

❷ 分析限制和不限制的變數。

❸ 改善並提升痛點，縮窄目標用戶的期望。

結果

完成簡報，開始尋找創新的改善方案。

簡報（Brief）範本

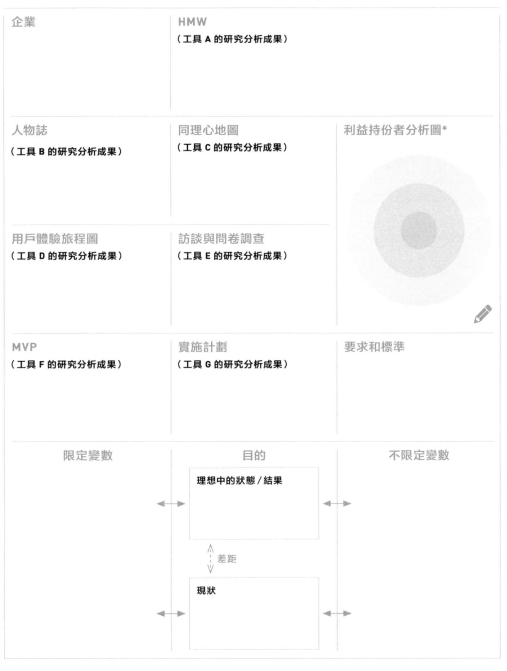

企業	HMW （工具 A 的研究分析成果）	
人物誌 （工具 B 的研究分析成果）	同理心地圖 （工具 C 的研究分析成果）	利益持份者分析圖*
用戶體驗旅程圖 （工具 D 的研究分析成果）	訪談與問卷調查 （工具 E 的研究分析成果）	
MVP （工具 F 的研究分析成果）	實施計劃 （工具 G 的研究分析成果）	要求和標準

限定變數　　　　　　　　　目的　　　　　　　　不限定變數

理想中的狀態 / 結果

差距

現狀

* ◉ 核心利益持份者　◎ 內部 / 直接利益持份者　◯ 外部 / 間接行益持份者

中文參考文獻

《2017/18 年度報告》，維他奶國際集團有限公司，2018 年。

〈2017 年年報〉，鴻福堂集團控股有限公司，2017 年。

〈2018 年年報〉，鴻福堂集團控股有限公司，2018 年。

〈22 學者發出倡議信　籲科技學術界積極救災〉，《文匯報》，1998 年 9 月 1 日。

〈2D 玩到 3D　打印耗材好賺〉，《明報財經網》，2016 年 9 月 23 日。

〈60 載一起成長　維他奶紥根香港　放眼世界〉，《香港經濟日報》，2000 年 3 月 9 日。

〈一帶一路　創造機遇〉，我們不是怪獸，香港電台第一台，2018 年 2 月 4 日。

《人‧情‧味：維他奶 70 年》，香港：維他奶國際集團有限公司，2010 年。

〈土炮科技公司　靠寫 App 做億萬富豪〉，《東網》，2015 年 9 月 14 日。

〈土產沙發　時裝化〉，《東周刊》，2006 年 1 月 11 日。

〈大家樂主席羅開光：總結多個棋盤經驗　招攬優秀人才傳承〉，《灼見名家》，2019 年 2 月 2 日。

小芬：〈Team Green 一個字：精〉，《快報》，2018 年 7 月 17 日。

〈工廈變「酒店房」展初創新科技〉，《大公報》，2018 年 10 月 30 日。

〈中小企系列　設計新路向　新興科譽的演變歷程〉，《香港經濟日報》，2002 年 9 月 2 日。

〈中東做生意小心賠命〉，《香港商報》，2014 年 1 月 15 日。

〈中國市場持續拓產能及渠道　未來三至五年料保雙位數增長〉，《輝立資本》，2019 年 3 月 18 日。

〈中環在線：印刷商二代帶公司破冰〉，《蘋果日報》，2017 年 4 月 18 日。

〈內外兼備的產品：從立體拼圖到環保用品〉，《香港 01》，2017 年 11 月 13 日。

〈天威控股主席賀良梅〉，《南方都市報（珠海版）》，2016 年 9 月 13 日。

〈太子珠寶鐘錶 30 周年誌慶　多元業務客為尊　奢侈品零售翹楚〉，《文匯報》，2014 年 11 月 20 日。

〈太陽能電器商開發之路〉，香港貿易發展局，2015 年 3 月 4 日。

〈引入光學機器　循環再造高價膠粒〉，《明報》，2003 年 11 月 9 日。

〈文藝格調務求突圍　宏亞要令夕陽再起〉，《頭條財經網》，2016 年 5 月 12 日。

王惠玲、高君慧：《香港人的大食堂——再創嚤囉樂新世紀》，香港：三聯書店，2018 年。

〈世界科研巨頭搶灘深圳〉，《深圳新聞網》，2000 年 3 月 20 日。

〈出色西班牙菜：BCN〉，《都市日報》，2014 年 2 月 28 日。

〈北歐風聽得多　南歐風您有看過沒有？〉，「homie」網頁，2018 年 04 月 25 日。

〈卡片營銷學　初創奇招展話題〉，《香港經濟日報》，2017 年 8 月 22 日。

〈打造大灣區示範點　助力中國智慧製造　粵港澳 3D 列印產業創新中心保稅區〉，《華僑報》，2018 年 6 月 29 日。

〈本地初創研智能電膜　玻璃變顯示屏〉，《香港經濟日報》，2019 年 1 月 2 日。

〈生化廁所　純天然除污〉，《頭條日報》，2015 年 1 月 17 日。

〈企業發展應多方面兼顧〉，《文匯報》，2004 年 12 月 02 日。

伍旋卓：〈鄧鉅明豪掌時計便利門　太子珠寶鐘錶創辦人〉，《星島日報》，2009 年 12 月 10 日。

〈全球磅秤生產商翹楚　博士生研究學以致用〉，「香港城市大學校友成功故事系列」網頁，2019 年 10 月 17 日。

〈全盒裡的甄沾記百年椰子糖　情尋三代人〉，《蘋果日報》，2018 年 2 月 13 日。

〈名士對談——Qeelin 始創人陳瑞麟〉，《星島日報》，2015 年 3 月 1 日。

〈回憶 + 新裝　百年甄沾記吸新生代〉，《經濟通》，2018 年 10 月 20 日。

〈百年老店甄沾記重新創業〉，《信報月刊》，2017 年 9 月 5 日。

〈百年李錦記傳承秘笈：設家族委員會　禁止離婚與婚外情〉，《鳳凰網》，2013 年 01 月 24 日。

〈百年品牌捲土重來　甄沾記立新不破舊〉，《巴士的報》，2011 年 2 月 06 日。

何樂毅：〈熱烈祝賀林朗熙獲得 2017 香港青年工業家獎〉，「東興集團」網頁，2017 年 11 月 9 日。

〈快餐情：食足 45 年　留住中產情〉，《蘋果日報》，2013 年 11 月 9 日。

王國璋、鄭宏泰、黃紹倫：《李文達傳：醬料大王的傳奇》，香港：三聯書店，2018 年。

吳昊：《香港老花鏡》，香港：SCMP Book Publishing Limited，2000 年。

吳昊：《飲食香江》，香港：SCMP Book Publishing Limited，2001 年。

〈李建明的玩味設計　團隊 Team Green 環保出發〉，《大公報》，2015 年 6 月 2 日。

李星慧：〈維他奶在廣東建第二廠房〉，《信息時報》，2010 年 4 月 15 日。

李淑賢：〈維他奶點止企業咁簡單　經營 70 年不敗之謎〉，《東周刊》，2010 年 3 月 17 日。

李惠中：〈在李錦記「沒有守業，只有不斷創業」〉，《新華網》，2017 年 6 月 28 日。

〈李錦記第三代傳人入香港富豪前三：子女不准離婚〉，《新浪網》，2017 年 8 月 21 日。

李騰安編：〈Icicle 開創印刷新概念〉，《香港印刷》，第 26 期，香港：香港印刷業商會，2008 年。

沈運龍：〈透過品牌效應　改善發展方針〉，《文匯報》，2008 年 7 月 24 日。

〈狂賣「湯券」吸會員　鴻福堂好飲唔好「賺」〉，《東周刊》，2014 年 7 月 2 日。

卓妮：〈中環出更：工總換屆宴　大搞爛 Greg 騷〉，《東方日報》，2015 年 8 月 4 日。

卓妮：〈中環出更：太子鐘錶擴張　迎市場復甦〉，2016 年 11 月 22 日。

卓妮：〈中環出更：鄧鉅明：錶舖將汰弱留強〉，《東方日報》，2012 年 7 月 11 日。

〈周大福 12 億購奢華品牌 Hearts On Fire〉，《信報財經新聞》，2014 年 6 月 18 日。

〈周大福 T MARK　重訂鑽石鑑定準則〉，《東網》，2017 年 8 月 15 日。

〈周大福 T MARK 巡展亮相瀋陽　科技探索 4T〉，《每日頭條》，2018 年 11 月 6 日。

周大福企業文化編制委員會編：《華：周大福八十年發展之旅》，桂林：廣西師範大學，2011 年。

〈周大福與 Hearts On Fire 簽訂有條件收購協議〉，周大福珠寶集團，2014 年 6 月 18 日。

周美好：〈工程師躋身環保研發〉，《香港經濟日報》，2005 年 7 月 2 日。

易思敏：〈點石成金　轉虧為盈　正昌石油化工廢油回煉　環保工業　管理模式堪借鑑〉，《香港經濟日報》，1999 年 2 月 12 日。

林紹裘、莫世民、梁桂玲、梁偉康：《暢談飲食與社會變遷》，香港：明文，2018 年。

〈東興集團〉，東興自動化投資，2019 年 8 月 1，檢索 https://www.tunghing.net

林汶禧：〈鑲鑽技術專利 港商年銷 6 千萬〉，《經濟日報》，2008 年 11 月 10 日。

邱曉欣:〈直擊周大福鑽石加工廠　拆解如何盡用一粒鑽石賺錢〉,《蘋果日報》,2018 年 7 月 23 日。

〈信和創意研發室揭幕提供平臺與科技企業合作〉,《成報》,2018 年 11 月 3 日。

〈勇闖高峰——家庭與事業合一〉,《頭條日報》,2017 年 5 月 18 日。

〈建議發行股份及購回股份之一般授權;重選退任董事及股東周年大會通告〉,冰雪集團控股有限公司,2018 年 3 月 27 日。

施麗珍:〈鄧宣宏匯:商界女強人變身公職女王〉,《星島日報》,2019 年 5 月 28 日。

洪鳳平:〈廢油變錢　提煉品攻大陸〉,《香港經濟日報》,1999 年 10 月 19 日。

〈科技創新極須雄厚財力　商品化路遙無期　大學側重教研　政商界不願投資〉,《每日雜誌》,2018 年 9 月 13 日。

〈科譽:從本土邁向國際〉,《香港經濟月刊》,2014 年 2 月 1 日。

〈美市場「見紅」　調味豆腐挽狂瀾〉,《香港經濟日報》,2004 年 7 月 5 日。

〈背景大不同　拍檔靠信任〉,《星島日報》,2014 年 7 月 4 日。

〈食肆廢油製柴油減污染　生化油含硫量極低明年初推出〉,《明報》,2000 年 11 月 9 日。

香港印藝:《協同創新》,香港:香港印藝學會,2018 年。

〈香港印藝 X 生活　協同創新創品徵集活動「香港印藝優秀產品」得獎組合巡禮(九)〉,香港印藝學會,2018 年 2 月 23 日。

〈香港青年麥騫譽大灣區創業:5G 動作傳感高危作業機器人駕到〉,中美創新時報網,2019 年 7 月 17 日。

〈香港科技園科技成就獎福田重視研發新產品〉,《明報》,2002 年 10 月 16 日。

《香港傢俬裝飾廠商總會 60 周年紀念特刊》,香港:香港傢俬裝飾廠商總會,2015 年。

〈香港富豪 18 年潛心研究治淮〉,《安徽新聞》,2008 年 2 月 20 日。

香港貿發局:〈商伴同行四十五年:內地取代歐美成主要客源　港鐘表商積極開拓內地市場〉,2011 年 9 月 6 日,檢索自 https://bit.ly/2pGibBx

香樹輝:〈鄭文聰　環保先鋒〉,《星島日報》,2005 年 1 月 30 日。

〈柴灣廠廈開畫廊　富二代助父親轉型〉,《信報》,2013 年 8 月 23 日。

〈珠寶商內地開店拓品牌〉,《文匯報》,2008 年 10 月 15 日。

〈真‧Chairman　嚴志明〉,《Eastweek》,2017 年 7 月 12 日。

秦川：〈廠佬「不務正業」玩拼圖再創業　光主席林光如從印刷走到文化產業〉，《信報財經月刊》，2016 年 6 月 1 日。

袁淑妍：〈香港家具業概況〉，貿易發展局，2018 年 2 月 12 日，檢索自 https://bit.ly/2CyMNrH

〈健康豆奶印象深入民心〉，《明報》，2000 年 3 月 9 日。

培僑電台：〈培僑人的故事　貼地貼心的總裁：莊子雄先生〉，2018 年 1 月 4 日，檢索自 https://bit.ly/2W7yKCq

〈專題報道：維他奶面世 70 年　窮人牛奶 9 支變 13 億支〉，《蘋果日報》，2010 年 3 月 9 日。

張灼祥：〈林朗熙：機械手臂的明天〉，《頭條日報》，2017 年 12 月 20 日。

梁巧恩：〈五年後達輝煌期　環保商機〉，《香港經濟日報》，2006 年 6 月 2 日。

〈深圳古珀行珠寶有限公司正式成立〉，《中國金報》，2008 年 5 月 9 日。

〈細說 60 年來「豆」故事〉，《明報》2000 年 3 月 9 日。

〈莊子雄：港拓 AI 擁地利人和優勢〉，《大公報》，2018 年 7 月 21 日。

〈莊子雄沿足跡看商機　6P 皇牌令錯失變勝算〉，香港理工大學，2014 年 3 月。

郭增龍：〈大家樂拼搏 50 載　羅開光求長做長有〉，《頭條日報》，2018 年 12 月 7 日。

陳永柏：〈如何挑選合適的數碼印刷機？〉，《每日頭條》，2016 年 4 月 28 日。

陳志佳：〈採用家庭式管理　正昌石介舳應環保　緊貼市場潮流〉，《香港經濟日報》，1999 年 4 月 12 日。

陳志輝、謝冠東：〈環保科技　大有商機〉，《信報財經月刊》，2008 年 4 月 1 日。

陳植漢編：《滋味老港》，香港：中華廚藝學院，2014 年。

〈創富：茲曼尼勇抗三大難關〉，《東方日報》，2012 年 8 月 24 日。

〈智能薄膜創造多方面效益〉，香港科學園。

曾麗虹：〈港珠寶界「中東王子」：決心建品牌〉，《香港經濟日報》，2014 年 12 月 1 日。

〈港成功研製環保生化柴油〉，《A 報》，2000 年 11 月 9 日。

〈港初創赴日推智能電膜　玻璃變身屏幕顯示資訊〉，《中小企快訊》，香港貿易發展局。

〈港初創智能調光窗膜搶灘〉，《信報》，2018 年 1 月 10 日。

〈# 港故仔 #O45# 謝寶達〉,「港故仔」Facebook 專頁,2017 年 5 月 13 日,檢索自 https://bit.ly/3ICSQpo

〈港科大代表團訪深〉,《文匯報》,1999 年 4 月 18 日。

〈港首創納米淨水　環保生意達千萬〉,《明報》,2009 年 7 月 13 日。

〈港商印度設廠　宜攻本土市場〉,《香港經濟日報》,2016 年 7 月 22 日。

〈港產仿生機械人奪初創大獎〉,《信報財經新聞》,2019 年 5 月 17 日。

〈港產拆彈機械人亮相創業日〉,《星島日報》,2018 年 5 月 18 日。

〈港產脂肪磅熱潮吸引內地客〉,《明報》,2004 年 10 月 24 日。

〈港產鐵甲奇俠　憑堅持實踐創業夢〉,《中大商學院校友通訊平臺》,2019 年 9 月 6 日。

〈港設計師突圍　重價值非價格　嚴志明東莞開傢俱廠　毛利勝同行三倍〉,《三港新聞》,2014 年 1 月 29 日。

〈港製生化柴油可大減噴黑煙〉,《公正報》,2000 年 11 月 9 日。

〈無懼競爭港化工業茁壯成長　正昌環保科技(集團)有限公司董事總經理　鄭文聰〉,《文匯報》,2004 年 8 月 20 日。

〈賀良梅:心繫祖國建言獻策　引領行業健康發展〉,《文匯報》,2013 年 11 月 7 日。

〈賀良梅:打造中國打印耗材世界傳奇〉,《香港商報》,2016 年 6 月 29 日。

〈超人外甥　查毅超　世界第一磅〉,《東周刊》,2005 年 9 月 7 日。

〈進入 QEELIN 珠寶王國 | 是誰說玩味童趣與高級優雅不可兼得〉,搜狐,2018 年 2 月 28 日。

黃嘉敏:〈正昌「另類油王」　點廢成金〉,《香港經濟日報》,2010 年 1 月 25 日。

鄭寶鴻:《香港華洋行業百年 ── 飲食與娛樂篇》,香港:商務印書館,2016 年。

〈愛家小哥　名人專訪 ── 保力集團 CEO 莊子雄先生〉,騰訊視頻,2018 年 10 月 26 日。

〈達實自動化引資三千餘萬〉,《大公報》,1999 年 10 月 8 日。

鄒廣文:《民族企業品牌之路 ── 李錦記集團發展歷程分析》,香港:香港經濟日報,2009 年。

〈夢想成真　港產仿生機械人　舉手與人同步〉,《香港經濟日報》,2018 年 2 月 20 日。

廖振為：〈創科成就品牌　區塊鏈突出品牌〉，創科成就品牌——卓越品牌致勝之道研討會，2018 年 12 月 7 日。

〈維他奶之父教人自製豆漿　羅桂祥用「中國之牛」救濟難民〉，《星島日報》，2001 年 11 月 19 日。

〈維他奶佛山廠房正式開幕〉，《美通社（亞洲）中文版》，2011 年 10 月 19 日。

〈維他奶拓澳洲與內地市場〉，《大公報》，2001 年 3 月 24 日。

〈維他奶美營業額雙位數增長　投資逾億澳洲新廠已投產〉，《文匯報》，2001 年 9 月 7 日。

〈維他奶集團收購新加坡統一食品〉，《鉅亨網》，2008 年 3 月 27 日。

〈維他奶新產品帶動營業額〉，《太陽報》，2001 年 9 月 7 日。

〈網龍及創奇思策略性收購 Cherrypicks Alpha，強化其 AR 及 O2O 技術〉，《美通社》，2016 年 04 月 25 日。

〈網龍旗下創奇思成功獲得香港機場合約〉，《美通社》，2016 年 10 月 17 日。

〈與 CEO 對話〉，《信報財經新聞》，2015 年 7 月 24 日。

〈劉文邦：在書香中與香港攝影共進〉，《蜂鳥網》，2012 年 9 月 26 日。

〈憂知識產權　人才反感　港初創北上猶豫：人心融合非錢可解決〉，《明報》，2018 年 9 月 27 日。

潘嘉陽：〈港環保中小企奪國際佳績〉，《星島日報》，2012 年 4 月 7 日。

〈磅王迎健康風　BMI 磅攻歐〉，《香港經濟日報》，2008 年 9 月 24 日。

蔡寶瓊：《厚生與創業：維他奶（一九四零至一九九零）》，香港：維他奶國際集團，2015 年。

〈踢廢油循環搵笨〉，《壹週刊》，2006 年 12 月 21 日。

鄧芷儀：〈三家中小企業在論壇上談成功經驗　傳統工業貿尋新路向〉，《大公報》，1999 年 2 月 8 日。

鄭文聰：〈推動環保工業創造香港新里程〉，《文匯報》，2003 年 12 月 11 日。

鄭柏禮：《童心壯志——創業達人謝寶達的笨豬跳人生》，香港：香港中小企業發展研究中心，2015 年。

〈靠 KOL 做宣傳上市！冰雪集團（08529-HK）下周一起招股〉，《財華網》，2017 年 11 月 24 日。

盧佩明：〈勇於創新　致力領導潮流　正昌集團　力拓環保工業　冀與 IT 業鼎足而立〉，《香港經濟日報》，2000 年 3 月 8 日。

盧曼思：〈維他奶新產品藉 CEPA 攻內地〉，《明報》，2005 年 9 月 6 日。

盧曼思：〈羅友禮　難忘四個階段　維他奶見證香港成長〉，《明報》，2004 年 9 月 13 日。

戴泳枝：〈廢油再生術　京採用迎奧運〉，《香港經濟日報》，2008 年 2 月 28 日。

戴薇：〈長夜難熬創業板公司另謀生路時間〉，《錢江晚報》，2002 年 2 月 2 日。

〈薄膜除污水　可循環再用〉，《成報》，2005 年 5 月 14 日。

薛偉傑：〈維他檸檬茶四招重塑品牌　形象求新保領導地位〉，《明報》，2012 年 5 月 24 日。

薛偉傑：〈廢油再生變出多門生意〉，《明報》，2007 年 8 月 3 日。

謝冠東、葉明煒：〈環保科技的商業實踐〉，《信報財經新聞》，2008 年 3 月 31 日。

〈轉型數碼印刷有竅門〉，《文匯報》，2010 年 3 月 4 日。'

鄺銘漢：〈東興企業林朗熙　開發自動化系統　抱擁中國製造 2025〉，《資本雜誌》，2018 年 5 月 21 日。

鄺慧敏：〈電子商避關稅　內地廠房擬外遷〉，《香港經濟日報》，2018 年 10 月 23 日。

羅湋南：〈太子鐘錶購鎮金店　進軍金業〉，《明報》，2012 年 1 月 31 日。

〈邊走邊吃：新舊交錯　品味土瓜灣〉，《蘋果日報》，2014 年 9 月 26 日。

嚴鈺：〈維他奶全球第七生產基地落子佛山〉，《民營經濟報》，2011 年 10 月 27 日。

〈Film Players 科技魔法　智能顯示電膜四大驚喜用途〉，《經濟一週》，2018 年 8 月 10 日。

Joyce：〈沈運龍　世界專利技術　開拓本地珠寶品牌〉，《都市盛世》，2017 年 11 月 1 日。

〈Just Gold 戴芸玄——真女人新情飾〉，《星島日報》，2014 年 10 月 5 日。

〈Just Gold 行政總裁　創新設計最重要〉，《蘋果日報》，2017 年 7 月 20 日。

〈Kelvin Giormani　全新展示廊 6 月開幕〉，《東網》，2018 年 6 月 7 日。

King Sir：〈鴻福堂瞄準內地市場〉，《經濟一週》，2017 年 2 月 25 日。

〈Print-Rite 賀良梅　迎 3D 打印新世代〉，《資本雜誌》，2018 年 2 月 7 日。

英文參考文獻

"Bonnie Chan Woo. CEO of Icicle Group. Likes to mix creativity with vision", cpjobs, 2017-7-15.

"Deconstruction of a Customer Journey Map", Nielsen Norman Group, 2016-7-31, from https://bit.ly/33zLK6J

Deming, William Edwards, "Deming Cycle (PDCA) (PDSA)".

Erwin, Kim, *Communicating The New: Methods to Shape and Accelerate Innovation*, 2013-8-12.

Faunalytics, "Questionnaire Design Tips: Some Dos & Don'ts", 2017-3-22, from https://bit.ly/2Q6yMJP

Hong Kong Census and Statistics Department, *Hong Kong monthly digest of statistics,* Hong Kong: Government Printer, 1970-2019.

Hong Kong External Merchandise Trade, Hong Kong: Census and Statistics Department, 1983-2018.

Hong Kong's Furniture Industry, Hong Kong: Hong Kong Trade Development Council, Research Department, 1986.

Karnes, KC, "What Is A Minimum Viable Product + Methodologies For Marketers", 2019-4-30, from https://bit.ly/36S22d7

Kumar, Vijay, *101 Design Methods: A Structured Approach for Driving Innovation in Your Organization*, 2012-10-23.

McCammon, Ben, "Semi-Structured Interviews", 2017, from https://bit.ly/2K7AyGP

"Persona", Board of Innovation, from https://bit.ly/32GJ8Tg

The furniture industry in China and Hong Kong, AKTRIN Research Institute Centro studi industria leggera, 1996.

The Hong Kong Furniture Industry, Hong Kong Trade Development Council, 197-.

研究訪談

汪嘉希、杜睿杰,莊子雄訪問,2019 年 4 月 26 日。

汪嘉希、杜睿杰,麥騫譽、呂力君訪問,2019 年 3 月 14 日。

汪嘉希、杜睿杰,賀良梅訪問,2019 年 3 月 25 日。

汪嘉希、杜睿杰,甄賢賢訪問,2019 年 3 月 22 日。

汪嘉希、杜睿杰,趙子翹訪問,2018 年 12 月 13 日。

汪嘉希、杜睿杰,劉文邦訪問,2019 年 2 月 21 日。

汪嘉希、杜睿杰,鄭文聰訪問,2019 年 4 月 4 日。

汪嘉希、杜睿杰,蘇德政訪問,2019 年 3 月 21 日。

汪嘉希、杜睿杰、莫健偉,李建明訪問,2018 年 11 月 5 日。

汪嘉希、杜睿杰、莫健偉,沈運龍訪問,2019 年 1 月 29 日。

汪嘉希、杜睿杰、莫健偉,林如光訪問,2019 年 2 月 26 日。

汪嘉希、杜睿杰、莫健偉,林宜輝訪問,2019 年 1 月 31 日。

汪嘉希、杜睿杰、莫健偉,林朗熙訪問,2019 年 3 月 19 日。

汪嘉希、杜睿杰、莫健偉,梁勵訪問,2019 年 4 月 4 日。

汪嘉希、杜睿杰、莫健偉,陳瑞麟訪問,2018 年 10 月 23 日。

汪嘉希、杜睿杰、莫健偉,賀子靈訪問,2019 年 3 月 14 日。

汪嘉希、杜睿杰、莫健偉,謝寶達訪問,2019 年 1 月 17 日。

汪嘉希、杜睿杰、莫健偉,嚴志明訪問,2019 年 3 月 21 日。

汪嘉希、杜睿杰、莫健偉,Jeff Wong 訪問,2018 年 9 月 26 日。

杜睿杰,吳紹棠訪問,2019 年 1 月 29 日。

杜睿杰,呂紹雄訪問,2019 年 5 月 3 日。

莫健偉,鄧鉅明訪問,2019 年 4 月 18 日。

致謝名單

主辦單位

香港工業總會轄下的香港設計委員會

撥款資助

「中小企業發展支援基金」

工業貿易署
Trade and Industry Department

個案公司

3Ds 科技有限公司

Qeelin

大家樂集團有限公司

太子珠寶鐘錶公司

天威控股有限公司

方圓傢具有限公司

正昌環保科技（集團）有限公司

古珀行珠寶集團有限公司

冰雪集團控股有限公司

西德寶富麗（遠東）有限公司

宏亞傳訊集團有限公司

李錦記有限公司

東興自動化投資有限公司

保力集團有限公司

星光實業有限公司

科譽（香港）有限公司

路邦動力有限公司

甄沾記香港有限公司

綠團有限公司

歐達傢俱有限公司（茲曼尼）

鴻福堂集團控股有限公司

「在此刊物上／活動內（或項目小組成員）表達的任何意見、研究成果、結論或建議，並不代表香港特別行政區政府、工業貿易署或中小企業發展支援基金及發展品牌、升級轉型及拓展內銷市場的專項基金（機構支援計劃）評審委員會的觀點。」

* 按筆劃排序

錄音稿抄寫小組

鄭嘉誠

張可盈

朱勉

許珈蔚

許雅媛

葉曦汶

林麗祺

劉娉琦

劉惟仲

羅鎬泓

曾文燕

楊麗淇

袁摯醴

翻譯小組

歐慧敏

陳懿樂

林健陽

林雅莉

林舒庭

羅德懿

研究小組

鍾恩瀚

杜睿杰

莫健偉

汪嘉希

項目統籌

周思彤

杜睿杰

李雪珊

莫健偉

汪嘉希

設計工具箱小組

陳家祺

陳可兒

周思彤

李雪珊

寫作小組

香港恒生大學
THE HANG SENG UNIVERSITY
OF HONG KONG
創校四十周年
40th Anniversary
of Founding

作者簡介

莫健偉博士

香港恒生大學社會科學系助理教授，喜歡歷史、文化研究，專注文化及創意產業教研工作。加入恒大前，曾任顧問、項目經理，負責開發「香港記憶計劃」。

汪嘉希

畢業於香港中文大學歷史系，修讀 EASTICA 檔案學深造證書，現職香港恒生大學社會學系研究助理，參與系內文化產業及香港工業的相關研究。

杜睿杰博士

畢業於香港中文大學，獲建築學博士學位，博士研究方向為歷史建築保護及文化遺產。目前任香港恒生大學社會科學系高級研究助理，參與創意文化產業及設計策略相關等研究項目。

周思彤

畢業於香港理工大學，本科修讀工業設計，成績優異獲設計（教育）碩士，研究設計管理和該專業的學習動機；喜歡推動企業應用設計。曾任多個非牟利機構的項目經理、顧問，負責推廣設計。

陳可兒

畢業於香港理工大學，主修產品設計。目前是食物設計團隊「Deep Food（深食）」的創辦人之一。